BIOskop

Gymnasium Nordrhein-Westfalen 7–9

Strukturierungsvorschläge und Aufgabenlösungen

Herausgeber
Rainer Hausfeld
Wolfgang Schulenberg

Autoren
Rainer Hausfeld
Ulrich Helmich
Margit Hertel
Mariela Kalkhake
Daniel Klaßen
Joachim Kühmstedt
Martin Ratermann
Anja Renken-Abken
Rüdiger Schmalz
Eckhardt Schröder
Wolfgang Schulenberg
Franz Stoppel
Henning Teschner
Anna Wittekindt

westermann

Druck A^3 / Jahr 2010
Alle Drucke der Serie A sind im Unterricht parallel verwendbar.

Redaktion: Heidrun Kiene
Herstellung: Mediengestaltung CeZet Claudia Zierenberg
Umschlaggestaltung und Typografie: Jennifer Kirchhof
Druck und Bindung: westermann druck GmbH, Braunschweig

ISBN 978-3-14-**159524**-6

Inhaltsverzeichnis

M Arbeiten mit Basiskonzepten 5
M Aufgaben richtig verstehen 5

1 Erkunden eines Ökosystems
1.1 Lebensraum Süßgewässer 9
1.2 Ökosystem See 9
1.3 Angepasstheiten bei Pflanzen 10
1.4 Entenschnäbel sind verschieden 11
1.5 Angepasstheiten beim Wasserfloh 12
1.6 Stoffkreislauf und Energiefluss im See 14
M Mikroskopieren 15
1.7 Das Pantoffeltierchen – ein Einzeller 15
1.8 Zellen 16
1.9 Zelldifferenzierung 18
1.10 Fotosynthese 19
M Erkenntnisse durch historische Versuche 20
1.11 Energie 21
1.12 Die Zellatmung – ein Prozess der Energieumwandlung 22
1.13 Fotosynthese und Zellatmung 23
1.14 Glucose wird in zahlreiche Stoffe umgewandelt 24
1.15 Die Bedeutung der Fotosynthese für die Erde 25
1.16 Wälder sind verschieden 26
1.17 Der Wald ist gegliedert 27
1.18 Der Wald im Jahresverlauf 27
1.19 Konkurrenz und ökologische Nischen 28
1.20 Standortansprüche von Rotbuche und Waldkiefer 29
M Bestimmen von Bäumen – digitales Herbarisieren 31
M Walderkundung 31
1.21 Ökofaktoren wirken auf Lebensgemeinschaften 32
1.22 Der Wurmfarn 33
1.23 Moose 34
1.24 Sporenpflanzen sind anders als Samenpflanzen 35
1.25 Blüte und Insekt 36
M Über das eigene Lernen nachdenken 37
1.26 Ameisen leben in Staaten 37
M Ein Lernplakat erstellen 38
1.27 Wechselbeziehungen zwischen zwei Arten 38
1.28 Nahrungsbeziehungen im Wald 39
1.29 In Nahrungsketten fließt Energie 40
1.30 Vielfältiges Leben im Boden 40
1.31 Pilze sind wichtig für den Wald 41
1.32 Stoffkreisläufe 42
1.33 Der Organismus als System und Systemzusammenhänge 43

2 Treibhauseffekt – die Biosphäre verändert sich
2.1 Der Kohlenstoff-Kreislauf 45
2.2 Zusätzlicher Treibhauseffekt im Klimawechsel 46
2.3 Energie in der Zukunft 48
2.4 Nachhaltig handeln 48
M Mathematische Verfahren verdeutlichen ökologische Zusammenhänge 49
2.5 Ökobilanzen von Lebensmitteln 50
2.6 Bevölkerungsentwicklung und Nachhaltigkeit 51

M Basiskonzepte zum Thema „Energiefluss und Stoffkreisläufe" 52

3 Den Fossilien auf der Spur
3.1 Zeugen der Vergangenheit 53
3.2 Die Geschichte des Lebens auf der Erde 54
3.3 Archaeopteryx – ein Brückentier 55

4 Lebewesen und Lebensräume – dauernd in Veränderung
4.1 Darwin 57
M Eine digitale Präsentation erstellen 57
4.2 Der Stammbaum der Wirbeltiere 57
4.3 Vom Wasser zum Land 58
4.4 Die Stammesgeschichte der Wale 60
4.5 Genetische Variabilität und natürliche Auslese 61
4.6 Geschichte der Menschwerdung 62
4.7 Kultur und Wortsprache 64
4.8 Menschen – verschieden und doch gleich 65
4.9 Wälder verändern sich 66
4.10 Lebensräume werden verändert 67
4.11 Landschaftsveränderungen und Artenschutz 68

5 Vielfalt der Lebewesen als Ressource
5.1 Vom natürlichen Wald zur Waldwirtschaft 69
5.2 Wälder – bedrohte Vielfalt 70
5.3 Artenreichtum im Regenwald 71
5.4 Vielfalt als Lebensgrundlage und wertvolle Ressource 72

M Basiskonzepte zum Thema „Evolutionäre Entwicklung" 73

6 Signale: senden, empfangen und verarbeiten
6.1 Vom Reiz zur Wahrnehmung 78
6.2 Das Auge 78
6.3 Die optische Wahrnehmung 78
6.4 Nervenzellen 79
6.5 Das Gehirn 80
6.6 Nervensysteme im Körper 80
6.7 Reiz – Reaktion 81
6.8 Lernen und Gedächtnis 82
6.9 Erkrankungen des Nervensystems 83

7 Krankheitserreger erkennen und abwehren
7.1 Bakterien 85
M Ein schriftliches Referat erstellen 86
7.2 Antibiotika 86
7.3 Viren 87
7.4 Aids 88
7.5 Das Immunsystem 89
7.6 Abwehr von körperfremden Stoffen 89
7.7 Immunisierung 90
7.8 Allergien, Krebs und Autoimmunkrankheiten 92
7.9 Der Rinderbandwurm, ein Endoparasit 92

8 Nicht zu viel und nicht zu wenig: Zucker im Blut
8.1 Hormonsystem im Überblick 95
M Steuerung und Regelung, Regelkreis 96
8.2 Regelung des Blutzuckerspiegels 97
8.3 Diabetes 98
M Risiko und Wahrscheinlichkeit 99

M Basiskonzepte zum Thema „Kommunikation und Regulation" 100

9 Gene – Puzzle des Lebens
9.1 Die Bedeutung des Zellkerns 101
9.2 Chromosomen als Träger der Erbinformation 102
9.3 Mitose 102
9.4 Meiose – Bildung der Geschlechtszellen 103
9.5 Genetische Variabilität 104
9.6 Gen – Protein – Merkmal 105
9.7 Mutationen 106
9.8 Gregor Mendels Versuche zur Vererbung 107
9.9 Mendel stellt Regeln zur Vererbung auf 107
9.10 Die Mendelsche Regel von der Neukombination 109
9.11 Intermediäre Erbgänge 111
9.12 Züchtungsmethoden 112
9.13 Modifikationen 113
M Erstellen einer Modifikationskurve mit Excel© 114
9.14 Chromosomentheorie der Vererbung 114

10 Genetische Familienberatung
10.1 Genetisch bedingte Behinderung: Trisomie 21 115
M Untersuchung von Stammbäumen 116
10.2 Anwendungen von Stammbaumuntersuchungen 116
10.3 Der Mensch – Gene und Umwelt 117

10.18 Basiskonzepte zum Thema „Vererbung" 118

11 Sexualerziehung
11.1 Pubertät 119
11.2 Geschlechtsreife bei Jungen 120
11.3 Geschlechtsreife bei Mädchen 120
11.4 Hormonelle Regelung des weiblichen Zyklus 121
11.5 Befruchtung und Einnistung 122
11.6 Die Plazenta 123
11.7 Schwangerschaft und Geburt 124
11.8 Hormonelle Empfängnisverhütung 126
11.9 Partnerschaft und Verhütung 126
M Informationen mithilfe des Internets beschaffen 126

12 Embryonen und Embryonenschutz
12.1 Embryonenschutz 127
12.2 Fortpflanzungsmedizin 128
M Ethisches Bewerten 130
12.3 Das menschliche Leben – von der Befruchtung bis zum Tod 131
12.4 Pflegeberufe 132

13 Verantwortlicher Umgang mit dem eigenen Körper
13.1 Ernährung im Wandel 133
13.2 Gesunde Ernährung – aber wie? 134
M Versuche durchführen 135
13.3 Nahrung versorgt den Körper mit Energie 135
13.4 Enzyme 137
13.5 Verdauung von Kohlenhydraten 138
M Eine Mindmap in Teamarbeit erstellen 139
13.6 Verdauung im Überblick 139
13.7 Entstehung von Drogensucht 139
M Ein Portfolio anlegen 140
13.8 Die soziale Seite der Sucht 140
13.9 Essstörungen 140

14 Organspender werden?
14.1 Die Niere 143
14.2 Organtransplantation: Beispiel Blut 143
14.3 Berufsfeld Labor 145

M Basiskonzepte zum Thema „Individualentwicklung des Menschen" 146

Jedem Abschnitt ist ein **Strukturierungsvorschlag** vorangestellt. Der Strukturierungsvorschlag bietet Ihnen eine Übersicht, wie Sie die inhaltliche Abfolge des jeweiligen Themas im Unterricht strukturieren können. Den einzelnen Schritten dieses Strukturierungsvorschlags sind die Abbildungen und Arbeitsmaterialien des Schülerbuches zugeordnet.

M Arbeiten mit Basiskonzepten

–

M Aufgaben richtig verstehen

Erwartete Leistung bei bestimmten Arbeitsanweisungen (durch wiederholten Bezug im Verlauf des Biologie-Unterrichts festigen)	Abb. 1
Eigene Fragestellungen entwickeln	**1** Abb. 2–6
Aufgaben mit passenden Arbeitsanweisungen erstellen	**2** Abb. 2–6

1

Zu Abb. 2: Normal gefärbter Tiger und weißer Tiger
Beispiele: Wie ist der rechte Tiger zu seinem weißen Fell gekommen? Welche Fellfarbe haben Nachkommen des weißen Tigers mit einem normal gefärbten Tiger? (Vererbung, Mutation, Albinos bei anderen Tierarten)
Zu Abb. 3: Historische Versuche von Joseph Priestley (1771)
Welche Frage(n) wollte Joseph Priestley mit diesen Versuchen beantworten? Warum wird die Maus in d) nicht ohnmächtig? (Vergleich von a mit b, von c mit b sowie von c mit d)
Zu Abb. 4: Libelle mit Tautropfen
Welche Bedingungen führen dazu, dass eine Libelle mit Tautropfen bedeckt ist? (Ort und Zeit, meistens frühmorgens, abiotische Faktoren: Luftfeuchtigkeit, Temperatur in der Umgebung; Libellen gehören zu den wechselwarmen Tieren…)
Zu Abb. 5: Wasserpest im Licht
Was für ein Gas enthalten die aufsteigenden Bläschen? Was geschieht, wenn die Wasserpest nicht beleuchtet wird oder das Licht nur schwach ist? (Auffangen der Bläschen, Glimmspanprobe, Bläschenzahl pro Zeiteinheit unter verschiedenen Bedingungen zählen…)
Zu Abb. 6: Fossil
Zu welcher Gruppe (Klasse) der Wirbeltiere gehört das Fossil? Mit welchen heute lebenden Wirbeltieren hat das Fossil Ähnlichkeit? Wie alt ist das Fossil? (Vergleich mit Skelett und Körperbau heutiger Vertreter der fünf Wirbeltierklassen; hier: Vögel, Flügel mitsamt Schwingen deutlich erkennbar (Archaeopteryx); Datierungsmethoden)

Abbildung	Mögliche Aufgabe(n) und Arbeitsanweisung (Operator)	Erwartungen (in Kurzform)
2: Normal gefärbter Tiger und weißer Tiger	*Entwickele Hypothesen* über die Ursachen der weißen Fellfärbung des Tigers.	Die weiße Fellfarbe wurde vererbt (evtl.: bereits unter den Vorfahren fanden sich Albinos). Die weiße Fellfarbe ist nicht vererbt (evtl.: dem weißen Tiger fehlt ein bestimmter Stoff in der Nahrung).
3: Historische Versuche von Joseph Priestley (1771)	*Werte die Versuche* (a – d) aus.	(Unter der Voraussetzung, dass Sauerstoff in seiner Bedeutung als Atemgas bekannt ist:) Eine Kerze erlischt (a), eine Maus wird unter einer Glasglocke ohnmächtig (c) weil Verbrennung und Atmung Sauerstoff verbrauchen. Entsprechend ist bei Atmung und Verbrennung (b) der Sauerstoff in der Luft unter der Glasglocke schneller verbraucht. Bei (d) bewirkt die Anwesenheit einer grünen Pflanze, dass die Maus nicht ohnmächtig wird. Die Pflanze setzt Sauerstoff frei. Mit dem Operator „Hypothesen entwickeln“ könnte herausgearbeitet werden, ob das Ergebnis in (d) auch im Dunklen zutrifft.
4: Libelle mit Tautropfen	*Erkläre den* Sachverhalt, dass die Libelle (Abb. 4) überall mit Tautropfen besetzt ist.	Kleine und große Tautropfen besetzen den ganzen Körper und die Beine einer Libelle, die sich an einem Blatt (o. ä.) festklammert. Das lässt vermuten, dass sich die Libelle in letzter Zeit nicht bewegt hat. Tautropfen bilden sich dann, wenn sehr feuchte Luft abkühlt (z. B. im Laufe der Nacht; dann kondensiert der Wasserdampf in der Luft). Als wechselwarmes Tier fällt die Libelle bei niedrigen Temperaturen in eine Art Kältestarre und ist ziemlich unbeweglich. Wahrscheinlich war es zum Zeitpunkt des Fotos so kühl, dass einerseits die Libelle unbeweglich war, sich anderseits Tau bilden konnte.
5: Wasserpest im Licht	(Entsprechendes Vorwissen, u. a. Bläschenzählmethode, vorausgesetzt:) *Nenne* Bedingungen, bei denen die Anzahl der Bläschen pro Zeiteinheit sehr hoch (sehr niedrig) ist.	Hohe (niedrige) Lichtintensität; Mittlere (niedrige, sehr hohe) Wassertemperaturen; Hoher (niedriger) Kohlenstoffdioxidgehalt im Wasser
6: Fossil	*Beschreibe* die Vordergliedmaßen des abgebildeten Fossils.	Ausgehend von den Knochen der Vordergliedmaßen sieht man nach hinten hin Abdrücke von nahezu parallel verlaufenden Strukturen. Sie ergeben insgesamt bei der linken und bei der rechten Vorderextremität eine Fläche.

1 Erkunden eines Ökosystems

1.1 Lebensraum Süßgewässer

Es gibt verschiedene Gewässer	Abb. 1
Einteilung von Gewässern	1 Abb. 1–3
Abiotische Faktoren	2

1

a) a → 3
b → 2
c → 6
d → 7
e → 10
f → 4
g → 1
h → 5

b) 8 → Teich
9 → Regentonne

c) 1 → Kleinstgewässer
2 → See
3 → Tümpel
4 → Teich
5 → Kleinstgewässer
6 → Tümpel
7 → Bach
8 → Teich
9 → Kleinstgewässer
10 → Fluss

d) ständig Strömung vorhanden, Breite über fünf Meter, Tiefe kann variieren, sehr lang

2

Größe und Tiefe nehmen ab; Sauerstoffgehalt verringert sich; Mineralsalzgehalt nimmt zu; Temperatur steigt

1.2 Ökosystem See

Was lebt in einem See?	Abb. 1
Beziehungen zwischen den Organismen	Abb. 1,2
Produzenten, Konsumenten, Destruenten	1 a 2 Abb. 2
Einflüsse auf Lebewesen → Biotop, Biozönose, Ökosystem	1 b Abb. 1
Erschließungsfelder/Basiskonzepte	3

1

a) Gemeinsamkeiten: gehören zu einer Biozönose, Mitglieder einer oder mehrerer Nahrungsketten
Unterschiede: Produzenten produzieren Biomasse, Konsumenten und Destruenten nutzen die Biomasse und bauen sie ab.

b) Biozönose: Lebensgemeinschaft innerhalb eines Ökosystems (Tiere und Pflanzen)
Biotop: Abiotische Faktoren eines Ökosystems (Wassertiefe, Sauerstoffgehalt, Licht)
Ökosystem: Gesamtheit von Biozönose und Biotop

2

a) 1 – 12 → Produzenten
13 – 25 → Konsumenten
26, 27 → Destruenten

b) individuelle Lösung, z. B.

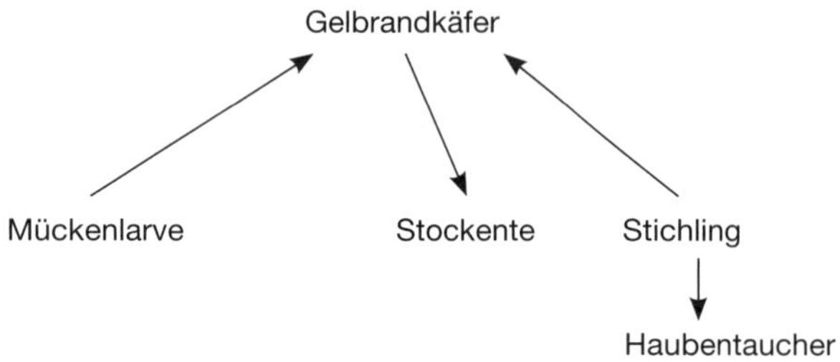

c)

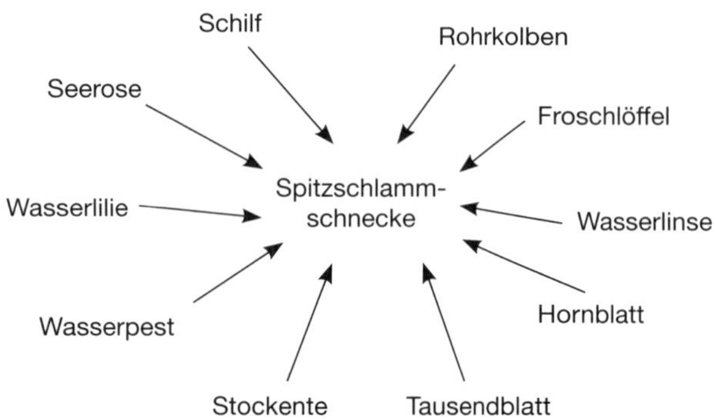

d) Teichmuscheln filtrieren Schwebstoffe aus dem Angelgewässer. Diese bestehen aus abgestorbenen Pflanzenteilen, zersetzten Tierteilen und Plankton. Dadurch tragen sie dazu bei, dass das Gewässer klar bleibt.

3

Angepasstheit: Die jeweiligen Bereiche des Sees sind von Lebewesen besiedelt, die an die jeweiligen Bedingungen angepasst sind.
Stoffe + Energie: Produzenten bauen organisches Material auf, das den Konsumenten und Destruenten als Nahrung dient.

1.3 Angepasstheiten bei Pflanzen

Die Standortbedingungen für Schilfrohr und Teichrose	Abb. 1,2
Angepasstheiten der beiden Pflanzen	**1** Abb. 1,2,4,5
Untersuchung der Gelben Teichrose	**2** Abb. 3,6

1

a)

Merkmal	Schilfrohr	Gelbe Teichrose
Standort	schlammiger Uferbereich bis 2 Meter Wassertiefe	schlammiger Uferbereich bis 4 Meter Wassertiefe
Vermehrung	Samen und Ausläufer	Samen und Ausläufer
Stängel und Wurzel	starr und hohl	biegsam und hohl
Wachstumshöhe	bis 4 Meter	auf der Wasseroberfläche
Bestäubung	Wind	Insekten
Samenverbreitung	Wind	über das Wasser
Blätter	an der Luft	Schwimmblätter
Sauerstoffaustausch	Luftkanal	viele Luftkanäle

b) Schilfrohr: starrer Stängel, dünne, lange Blätter, großer Luftkanal
Gelbe Teichrose: biegsamer Stängel, Schwimmblätter, viele Luftkanäle

2

a) Auf der Blattoberseite steigen kleine Luftblasen auf. Die Ursache liegt darin, dass bei der Gelben Teichrose die Spaltöffnungen in der Blattoberseite sind.

b) Die Spaltöffnungen sind mit den Hohlräumen des Stängels verbunden. Der Sauerstoff aus der Luft kann so in die unter Wasser und im Schlamm liegenden Pflanzenteile geleitet werden. Diese werden so mit Sauerstoff versorgt, was in dem sauerstoffarmen Schlamm sonst nicht möglich wäre.

c) individuelle Lösung

1.4 Entenschnäbel sind verschieden

Aufteilung des Lebensraumes	1 Abb. 1
Nahrungsspezialisierung	2 4 Abb. 2–5,7
Konkurrenzvermeidung durch Spezialisierung	3 4 Abb. 6,7

1

- unterschiedliche Öffnungszeiten
- unterschiedliches Sortenangebot an Brot, Gebäck, Torten
- unterschiedliches Beiprogramm an Süßigkeiten, Getränken …
- Tchibo-, Lottoannahme-, Postfilialen

2

Stockente – Schnabelabbildung a) oder d), entsprechend der Größenverhältnisse der Vögel aber Abb. d)
Reiherente – Schnabelabbildung c)
Gänsesäger – Schnabelabbildung b)
Krickente – Schnabelabbildung a) oder d), entsprechend der Größenverhältnisse der Vögel aber Abb. a)

3

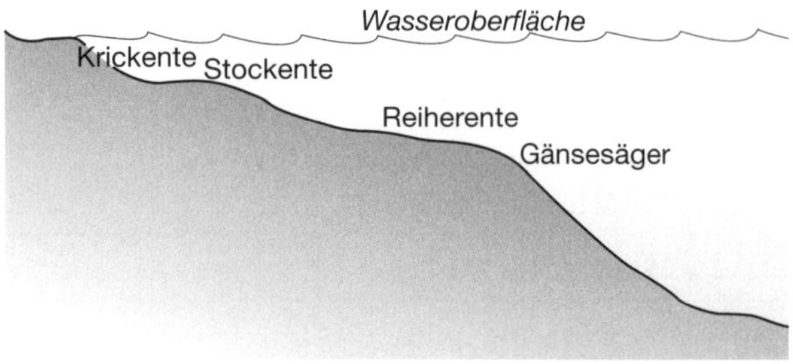

4

	Grünspecht	Schwarzspecht	Buntspecht
Reviermarkierung und Anlocken von Weibchen	Rufe der Männchen	Trommeln der Männchen mit Trommelwirbeln von jeweils etwa 30 Schlägen in drei Sekunden	Trommeln der Männchen mit Trommelwirbeln von jeweils etwa 15 Schlägen in weniger als einer Sekunde
Nahrungssuche	Ameisen in Ameisen-haufen – am Boden	Insekten in Gängen im Holz von Bäumen – im unteren Stammbereich	Insekten in Gängen im Holz von Bäumen – im oberen Stammbereich

1.5 Angepasstheiten beim Wasserfloh

Mikroskopieren von Wasserflöhen	1 2 Abb. 1,2
Fortpflanzung von Wasserflöhen	3 a,b
Dauereier und Jahreszeit	3 c Abb. 6
Feindabwehr	4 Abb. 3–5

1

a → Herz
b → Embryo
c → Brutraum
d → Schale
e → Darm
f → Kieme
g → Antenne
h → Auge

2

a) individuelle Lösung
b) individuelle Lösung

3

a) Schlüpfen von Weibchen im Frühjahr → nach Geschlechtsreife (6 Tage): Legen von bis zu 20 unbefruchteten Eiern alle drei Tage, den ganzen Sommer über → Daraus schlüpfen Weibchen, unter bestimmten Bedingungen entstehen aus einigen Eiern auch Männchen
Herbst: Weibchen und Männchen → Befruchtung von

zwei Eiern in den Weibchen → Aufbewahrung im Brutraum → Hülle um die Eier bei der nächsten Häutung → Dauereier → Überwinterung → Im Frühjahr Schlüpfen von Weibchen

b) Ein Weibchen kann in 18 Tagen bis zu 246140 Nachkommen haben (siehe Skizze).

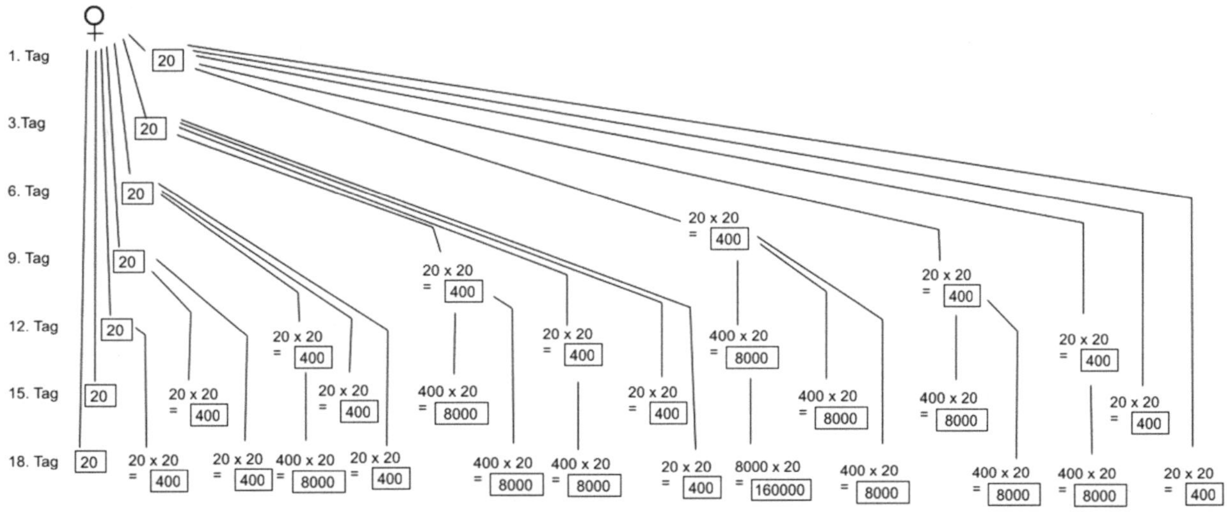

7 x 20 + 15 x 400 + 10 x 8000 + 160000 = 246140

c) Bei Nahrungsmangel werden Männchen und Dauereier gebildet, verstärkt noch durch eine kürzere Tageslänge, wie sie im Herbst auftritt. Im Herbst kommt es durch zurückgehendes Algenwachstum ebenfalls zu Nahrungsmangel. Durch die Kombination von Nahrungsmangel und kurzer Tageslänge ist gewährleistet, dass im Herbst viele Dauereier entstehen, die den Winter überdauern können.

4

a) Mit wenigen Feinden im Gewässer ist die Wahrscheinlichkeit gering, dass alle Wasserflöhe gefressen werden. Sie brauchen daher Helm und Stachel nicht, um sich gegen Fressfeinde zu „wehren“ und können Dauereier ins nächste Jahr bringen. Der Verzicht auf Helm und Stachel bedeutet weniger „Materialaufwand“ bei der Vermehrung.
Vorteil des Helms und des Stachels ist, dass diese Tiere nicht (kaum) gefressen werden.
Da die Feinde in der Regel auch in der nächsten Wasserflohgeneration vorhanden sein werden, ist auch dann ein erhöhter Schutz gegeben.

b) Die Wasserflöhe tauchen aufgrund der Kairomone bis unter die Sprungschicht ab. Feinde, die nur im Oberflächenwasser leben und tagaktiv sind, können sie dadurch nicht jagen. Offenbar sind viele Feinde tagaktiv und leben im warmen Oberflächenwasser, so dass die Wasserflöhe einen Vorteil haben.
Das Leben ohne das Abtauchen bietet den Vorteil, dass zu jeder Zeit Nahrung verfügbar ist.

1.6 Stoffkreislauf und Energiefluss im See

Impuls: Warum essen wir? → Wiederholung: Stoffe als Energieträger	
Stoffkreislauf und Energiefluss	1 2 Abb. 1
Nahrungspyramide	3 Abb. 2,3
Anreicherung von Schadstoffen	4 Abb. 4

1

a) Pflanzen (Produzenten) wandeln die Energie der Sonne in organische Substanzen um. Diese Substanzen enthalten chemische Energie. Die Pflanzen werden von den Konsumenten 1. Ordnung gefressen; diese wiederum von Konsumenten 2. Ordnung usw. Am Schluss dieses Kreislaufs stehen die Destruenten; sie bauen die abgestorbene Biomasse in Kohlenstoffdioxid, Mineralsalze und Wasser ab und machen sie so wieder zugänglich für die Pflanzen.

Bei jedem „Schritt" wird ein Teil der Energie für den eigenen Körperaufbau verwendet; der Rest wird für Lebensvorgänge genutzt beziehungsweise geht als Wärme verloren.

Es sind in der Stufe e noch 0,01 % der Energie der Stufe a enthalten.

b) Die „Stoffe" durchlaufen einen Kreislauf: Angefangen von den Produzenten über die Konsumenten und Destruenten wieder zu den Produzenten.

Die Energie kommt von der Sonne. Sie wird im Laufe der Nahrungskette entwertet und geht (als Wärme) verloren. Daher spricht man nicht von einem Kreislauf, sondern von einem Energiefluss.

2

a) Ein Kilogramm Fisch enthält genauso viel chemische Energie wie ein Kilogramm Algen.

b) Die Fische leben letztendlich von 100 Kilogramm Plankton. Das Planktonwachstum kommt letztendlich von der Energie der Sonne.

c)

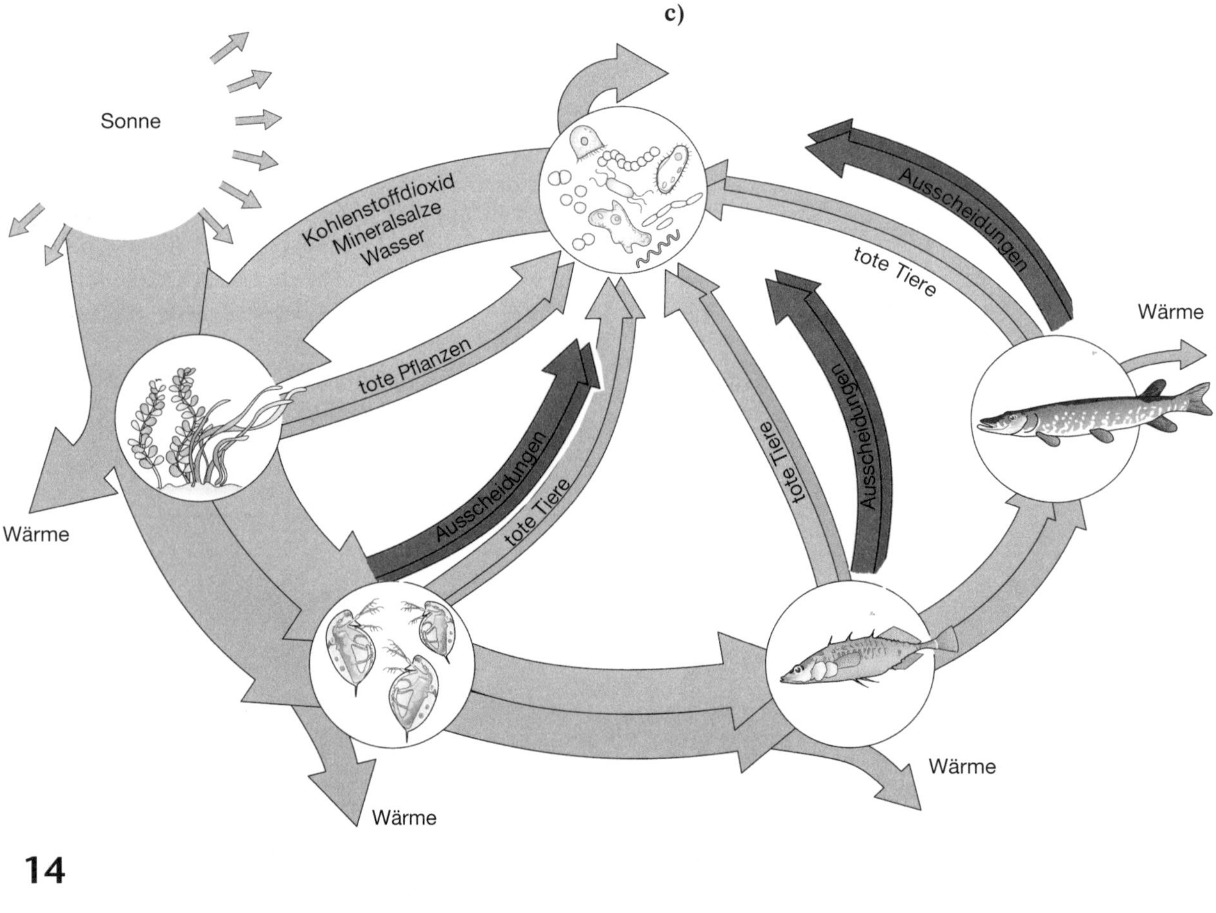

3

a) Die Nahrungspyramide stellt eine Nahrungskette grafisch dar. Die „Basis“ stellen die Pflanzen als Produzenten dar, darauf aufbauend folgen die Konsumenten, die von ihnen leben. Das Schema hat eine pyramidische Form, da die Anzahl der Konsumenten, die von der darunter liegenden Stufe leben, immer geringer ist als die Anzahl der unteren Schicht.
b) Beide Modelle stellen die Nahrungskette Produzent → Konsument dar. Der Unterschied besteht in der Art und Weise der Darstellung. Anhand des Pyramidenmodells lassen sich keine quantitativen Rückschlüsse ziehen. Im Gegensatz dazu ist dies bei dem Stufenmodell möglich: Es wird deutlich, dass von Stufe zu Stufe etwa 90 Prozent der Energie entwertet werden.

4

Es wird deutlich, dass sich Schadstoffe innerhalb der Nahrungskette anreichern. Die Anreicherung kommt daher, dass der Fisch die Schadstoffe von mehreren Nahrungsstufen aufnimmt; die Konzentration des Schadstoffs ist in ihm daher um ein Vielfaches höher.

M Mikroskopieren

–

1.7 Das Pantoffeltierchen – ein Einzeller

Kennzeichen des Pantoffeltierchens	Abb. 1–5
Einzeller – als einzelne Zelle lebensfähig	1
Vergleich von Einzeller und Vielzeller	2 Abb. 2,4,5,6
Heuaufguss mikroskopieren (ca. 2 Wochen vorher ansetzen)	3

1

Zu den wichtigsten Kennzeichen der Lebewesen gehören
- selbstständige Bewegung
- Reaktion auf Reize
- Stoffwechsel und
- Fortpflanzung

Alles trifft auf das Pantoffeltierchen zu. Es kann sich mit Hilfe der Wimpern fortbewegen, es ändert die Richtung, wenn es auf ein Hindernis stößt, es nimmt Stoffe auf, verdaut sie und scheidet die Reste aus, es pflanzt sich fort.

2

	Pantoffeltierchen (Einzeller)	Hund (Vielzeller)
Bewegung	über Wimpern an der Zellhaut	auf vier Beinen
Reiz-barkeit	reagiert auf Berührung, Temperaturunterschiede und auf einige chemische Stoffe	verfügt über mehr Sinne, z. B.: Berührung, Geruch, Temperatur, Gehör, Sehen
Stoff wechsel	Mund → Verdauung innerhalb von Nahrungsbläschen → Ausscheidung von Stoffen über den Zellafter und von Wasser über die pulsierenden Bläschen	Mund → Verdauung in einem aus verschiedenen Organen bestehenden Organsystem → Ausscheidung von Stoffen über Kot und Harn
Fort-pflanzung	ungeschlechtlich durch Teilung, manchmal auch geschlechtlich	immer geschlechtlich
Kreislauf-system	–	Kreislaufsystem mit Herz und Blutgefäßen, zur besseren Verteilung der Stoffe im Körper

3

Die Bewegungsweise b trifft zu. Der Wimpernschlag besteht aus einem effektiven Schlaganteil (4 – 8) und einem Rückholschlag (1 – 4), wodurch eine Bewegung in eine Richtung ermöglicht wird. Da das Pantoffeltierchen am ganzen Körper Wimpern trägt, ist nur durch diese Form des Wimernschlags eine koordinierte Bewegung in eine Richtung möglich. (Die in a gezeigte Bewegung ist bei anderen Einzellern, die eine einzige Geißel/ein Flagellum besitzen, zu finden.)

1.8 Zellen

Thema	Aufgaben / Abbildungen
Funktion der einzelnen Zellbestandteile	1 2 3 Abb. 1–3,5
Aufbau und Funktion der Mitochondrien - Prinzip der Oberflächenvergrößerung	5 Abb. 1,2
Prokaryoten und Eukaryoten	4 Abb. 1,2,4,5

1

a)

Bestandteil	Pflanzenzelle	Tierzelle
Cytoplasma	X	X
Zellkern	X	X
Mitochondrien	X	X
Chloroplasten	X	–
Endoplasmatisches Retikulum	X	X
Golgi-Apparat	X	X
Vesikel	X	X
Zellmembran	X	X
Vakuole	X	–
Vakuolenmembran	X	–
Zellwand	X	–

b)

Zellbestandteil	Bau und Funktion
Zellmembran	– Stoffaustausch
Zellkern	– enthält Erbinformationen – steuert Stoffwechselprozesse innerhalb der Zelle
Mitochondrien	– im Inneren stark aufgefaltet und durch Membranen gegliedert – zuständig für: Energiegewinnung, Stoffabbau und Zellatmung (Kraftwerke der Zelle)
Endoplasmatisches Retikulum und Golgi-Apparat	– Membransysteme bilden flächige und röhrenförmige Hohlräume – Stofftransport und -austausch
Vesikel	– kleine tröpfchenartige Gebilde, die von einer Membran umhüllt sind – transportieren Stoffe innerhalb der Zelle oder durch die Zellmembran nach außen
Ribosomen	– Ort der Proteinbildung
Zellwand	– umgibt die Zelle und die Zellmembran – schützt die Zelle, gibt ihr Stabilität
Chloroplasten	– im Inneren stark aufgefaltet und durch Membranen gegliedert – Ort der Fotosynthese
Vakuole	– großer, mit Zellsaft gefüllter Hohlraum – von einer Vakuolenmembran umgeben – füllt fast das gesamte Zellinnere aus

2

1) Zelle: Ribosomen (Herstellung von Proteinen); Fabrik: Produktionsstätte (Fertigung des Produkts)
2) Zelle: Mitochondrien (Zellatmung zur Energiebereitstellung); Fabrik: Kraftwerk (Energiegewinnung für die Fabrik)
3) Zelle: Endoplasmatisches Retikulum (Membransystem: Aufbau, Speicherung und Austausch von Stoffen); Fabrik: Werksstraßen (Austausch von Material zwischen verschiedenen Teilen der Fabrik)
4) Zelle: Zellkern (zentrale Steuerungseinheit, enthält Erbinformation); Fabrik: Firmenzentrale (Verwaltung und Steuerung der Fabrik)
5) Zelle: Zellmembran (Begrenzung der Zelle); Fabrik: Grenze des Fabrikgrundstücks (Abgrenzung des Fabrikgeländes gegenüber der Umgebung)
6) Zelle: Cytoplasmaverbindung (Verbindung zu benachbarten Zellen); Fabrik: Einfahrtstor (Einfuhr und Ausfuhr von Material für die Fabrik)

3

Hinweis: Die Skala ist logarithmisch aufgebaut
Zu den Einheiten:
1 Mikrometer (µm) = 0, 001 mm = 0,000 001 m
1 Nanometer (nm) = 0,001 µm = 0,000 001 mm = 0,000 000 001 m
Muskel- und Nervenzellen können Längen von nahezu einem Meter erreichen. Eizellen gehören zu den größten Zellen. Tier- und Pflanzenzellen erreichen in der Regel eine Größe von ca. 1/10 mm bis 1/100 mm. Bakterienzellen sind wesentlich kleiner und erreichen höchstens die Größe eines Zellkerns, also ca. 5 µm. Meist sind sie noch wesentlich kleiner. Die Mitochondrien sind nur knapp größer als 1 µm. Viren, DNA und Ribosomen sind noch wesentlich kleiner und ihre Größe bewegt sich zwischen 10 und 100 nm. Aufgrund der logarithmischen Anordnung der Skala sind die optisch nur gering wirkenden Größenunterschiede erheblich.

4

Prokaryotenzellen haben im Gegensatz zu Eukaryotenzellen keinen Zellkern. Ihre Erbinformation liegt frei im Bakterienchromosom sowie in Plasmiden vor. Eukaryotenzellen weisen eine viel größere Vielfalt an Organellen. Bei den Prokaryoten finden sich ausschließlich Ribosomen. Sie besitzen ebenso wie Pflanzenzellen eine Zellwand, die allerdings anders aufgebaut ist. Prokaryotenzellen sind wesentlich kleiner als Eukaryotenzellen.

5

Begründete Vermutungen:
Größere innere Flächen dienen z. B.
- dem Stoffaustausch
- der Abtrennung von Reaktionsräumen

Selbstständige Überprüfung der Hypothesen mithilfe geeigneter Informationsquellen.

1.9 Zelldifferenzierung

Gemeinsamkeiten und Unterschiede in Bezug auf Bau und Funktion spezialisierter Zellen	**1** Abb. 1

Die Hierachie von der Zelle bis zum Organismus	**2** Abb. 2

Ein Organsystem als offenes System	**3** Abb. 3

1

	Gemeinsamkeiten	Unterschiede
Aufbau	– Alle spezialisierten Zellen besitzen, abgesehen von den roten Blutzellen, einen Zellkern, die Zellmembran und das Zellplasma.	– Bei den roten Blutzellen findet man keinen Zellkern. – Die äußere Form der verschieden spezialisierten Zellen ist sehr unterschiedlich.
Funktion	– Alle Zellen haben eine spezielle Aufgabe bzw. Funktion.	– Die Aufgaben sind sehr verschieden: Sie reichen von Informationsweiterleitung bei Nervenzellen bzw. Aufnahme von Reizen bei Sinneszellen über Kontraktion bei Muskelzellen und Transport von Sauerstoff bei den roten Blutzellen bis hin zur Fortpflanzung und der Abwehr von Fremdkörpern und Krankheitserregern bei Geschlechtszellen bzw. weißen Blutzellen.

2

Zelle ⇒ Gewebe ⇒ Organ ⇒ Organsystem ⇒ Organismus
Sinneszelle ⇒ Netzhaut ⇒ Auge ⇒ Nervensystem ⇒ Mensch
Muskelzelle ⇒ Muskel ⇒ Skelettmuskel ⇒ Bewegungssystem ⇒ Mensch
Weiße Blutzelle ⇒ Blut ⇒ Immunsystem ⇒ Mensch

3

a) Ein Organsystem ist ein offenes System. Es ist nicht nur in der Lage, Energie mit der Umgebung auszutauschen (siehe: geschlossenes System), sondern auch Stoffe mit der Umgebung auszutauschen. So kann das Verdauungssystem Nährstoffe und andere, für den Körper wichtige Stoffe über die Nahrung aufnehmen, und scheidet unverdauliche Reste und andere Stoffwechselprodukte wieder aus.

b) Ein Organsystem besteht aus mehreren Teilen (Organen), die sich zu einem Ganzen (Organsystem) zusammensetzen. Zwischen diesen Teilen, den Organen, bestehen Zusammenhänge. Der übergeordnete Zusammenhang beim Verdauungssystem besteht beispielsweise in der Funktion der Aufnahme, Verdauung und Ausscheidung von Nahrung. (Übertragung auf den Begriff „offenes System“ ist schon in Aufgabe a geschehen.)

1.10 Fotosynthese

Versuch: Wasserpest im Licht	Demonstration oder Abb. 1
Welches Gas entsteht?	
Glimmspanprobe als Nachweis für Sauerstoff	Abb. 2
Vorgang der Fotosynthese	Abb. 3
Versuch I: Bläschenzählmethode	Abb. 2a, Abschnitt 4 Versuch I
Anwendung	Versuch II (Stillarbeit)
Hausaufgabe	Versuch IV

1

a)

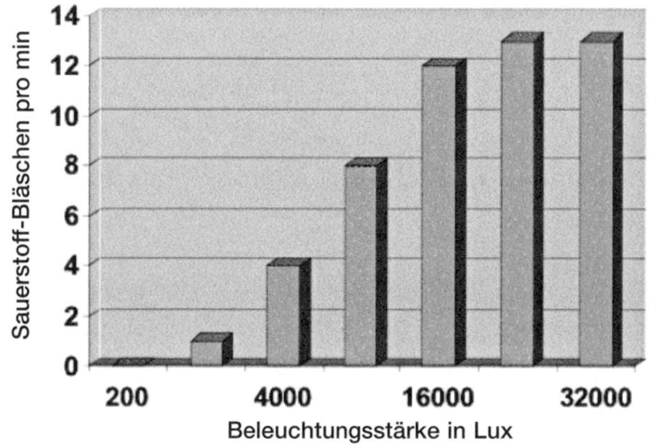

Die Sauerstoffproduktion steigt zunächst langsam, dann sehr schnell in Abhängigkeit von der Beleuchtungsstärke bis zu einem Sättigungswert von etwa 24000 Lux.
Begründung: Es ist eine bestimmte Lichtmenge für das Anlaufen der Fotosynthese nötig, dann bewirkt die zunehmende Verwertung des Lichts eine ansteigende Sauerstoffproduktion; ab einer bestimmten Lichtmenge ist der Fotosynthese-Apparat ausgelastet und eine Zunahme der Lichtintensität bewirkt keine zusätzliche Steigerung.

b) Versuch II:
Für die Fotosynthese ist CO_2 nötig. Das abgekochte Wasser enthält kaum gelöste Gase, also auch kein CO_2, somit ist keine Fotosynthese möglich. In Leitungswasser ist nur wenig Gas gelöst, daher erfolgt nur eine geringe Produktion (je nach Kalkgehalt auch Verwendung von HCO_3-Ionen). Mineralwasser enthält am meisten CO_2 (bzw. HCO_3-Ionen), daher erfolgt hier die größte Fotosynthese-Leistung.

Versuch III:
Teilreaktionen der Fotosynthese sind temperaturabhängig, deshalb ist bei Starklicht eine Zunahme der Fotosynthese-Leistung in Abhängigkeit der Temperatur zu beobachten.

Daher kann man bei 30 °C mehr Bläschen zählen als bei 15 °C. Bei 45 °C kommt die Fotosynthese zum Erliegen, da die beteiligten Enzyme nicht bei jeder Pflanze die hohen Temperaturen aushalten. (Außerdem sinkt der Gasgehalt des Wassers mit steigender Temperatur.)
Versuch IV:
Die blau-schwarze Färbung zeigt an, dass an dieser Stelle im Blatt Stärke gebildet wurde. Da nur hier Licht auf das Blatt getroffen ist, erhält man einen Hinweis, dass Licht für die Fotosynthese nötig ist und der Fotosynthese-Prozess die Grundlage der Stärkebildung ist.
(Die Information, dass der Traubenzucker im Blatt mit der Zeit in Stärke umgewandelt wird, sollte evtl. ergänzt werden.)
c) Zusammenfassung: Die Fotosynthese benötigt Kohlenstoffdioxid, eine ausreichende, aber nicht zu hohe Temperatur und Licht.

M Erkenntnisse durch historische Versuche

1

a) *Beobachtung:* Pflanzen wachsen.
Problemfrage: Woher nehmen Pflanzen die Stoffe zum Wachstum?
Hypothesen:
1. Pflanzen entnehmen der Erde die Stoffe für ihr Wachstum.
2. Die Stoffe für das Wachstum stammen aus dem Regenwasser (Gießwasser).
3. Das Wachstum erfolgt, indem die Pflanze Stoffe aus der Luft aufnimmt.
4. Pflanzen wachsen, indem sie Stoffe aus der Luft, aus der Erde und aus dem Regenwasser (Gießwasser) aufnehmen.

Versuch: siehe Schülerband
Ergebnis: Die Pflanze ist nach fünf Jahren viel größer und ihre Masse hat von 2,3 kg auf 76,7 kg zugenommen. Die Masse der Erde (ursprünglich 90,7 kg) hat sich nur um 57 g vermindert.
Auswertung im Bezug auf die Hypothesen:
Die Pflanze hat viel mehr an Masse zugenommen, als die Erde verloren hat, das Material zum Wachsen stammt also – zumindest zum weit überwiegenden Teil – nicht aus der Erde;
Hypothese 1 wird durch diesen Versuch nicht gestützt; Hypothese 2, 3 und 4 werden durch diesen Versuch weder bestätigt noch widerlegt (VAN HELMONT selbst nahm an, dass aus dem Gießwasser das stoffliche Wachstum der Pflanzenmasse hervorgehe. Wenn man moderne Kenntnisse über das Verhältnis von Wasseraufnahme und Wasserabgabe durch Transpiration einbezieht, wäre Hypothese 2 als allein zutreffende Hypothese allerdings zu widerlegen).
Übertragung: Es müssen weitere Versuche durchgeführt werden, um die Hypothesen 2, 3 und 4 zu prüfen.

b) Nach heutigem Kenntnisstand: Pflanzen bilden Material mithilfe von Lichtenergie in der Fotosynthese. Zucker ist der Ausgangsstoff für andere Stoffe, durch die Material aufgebaut wird und die Pflanze wachsen kann. Daneben benötigen Pflanzen aber auch Mineralsalze, die sie der Erde entziehen. Diese Mineralsalze machen aber eine relativ geringe Masse aus und fallen daher im Versuch nicht so auf.
Versuchsergebnis in Bezug zu den Hypothesen: siehe Aufgabe 1a.

2

a) Versuch a) zeigt, dass durch die Verbrennung einer Kerze ein Stoff in der Luft verbraucht wird, der für den Verbrennungsvorgang notwendig ist. Wenn dieser Stoff verbraucht ist, erlischt die Kerze. Dieser Stoff ist Sauerstoff (siehe Antoine de Lavoisier, 1775).
Auch Tiere brauchen Sauerstoff zum Atmen: Wenn also in Versuch b) unter der Glasglocke die Kerze brennt und eine Maus atmet, ist der Sauerstoff der Luft schneller verbraucht – die Kerze erlischt, und die Maus wird ohnmächtig.
Auch alleine verbraucht die Maus in Versuch c) den gesamten Sauerstoff der Luft in der Glasglocke durch Atmung und wird nach längerer Zeit ohnmächtig.
Wenn dagegen in Versuch d) eine Pflanze unter die Glasglocke gestellt wird, wird die Maus nicht ohnmächtig. Dies zeigt, dass die Pflanze Sauerstoff, den die Maus zum Atmen braucht, produziert, zumindest in den Versuchsbedingungen, d. h. im Hellen (vgl. die Erkenntnisse von Jan Ingenhousz, 1779) und in Anwesenheit einer Maus. Jean Senebier wies 1783 nach, dass Pflanzen im Licht nur dann Sauerstoff herstellen, wenn auch gleichzeitig Kohlenstoffdioxid anwesend ist, ein Gas, das Tiere bei der Atmung freisetzen.

b) Im Dunkeln würde sich in den Versuchsansätzen a–c nichts ändern, da der Verbrauch von Sauerstoff durch Verbrennung und durch Atmung vom Licht unabhängig ist. In Versuch d) allerdings könnte die Pflanze im Dunkeln keine Fotosynthese betreiben, also keinen Sauerstoff herstellen, sie benötigt im Gegenteil im Dunkeln sogar selbst Sauerstoff für ihre Zellatmung. Die Maus würde daher im Dunkeln trotz der Pflanze unter der Glasglocke ohnmächtig werden, vermutlich etwas schneller als in c).

3

Durch die Versuche von Priestley (1771) und de Lavoisier (1775) war bekannt, dass Pflanzen Sauerstoff herstellen und Tiere Sauerstoff zum Atmen brauchen. Um herauszufinden, ob Licht dabei eine Rolle spielt, könnte der Versuch von Priestley unter verschiedenen Lichtbedingungen wiederholt werden:
Wenn sich zeigt, dass die Maus im Dunkeln auch ohnmächtig wird, obwohl eine Pflanze vorhanden ist, zeigt dies, dass Pflanzen nur im Licht Sauerstoff abgeben.
Um herauszufinden, ob nur grüne Pflanzen Sauerstoff produzieren, müssen nicht-grüne Pflanzen (z. B. Kartoffelknollen) für den Versuch (einmal im Licht, einmal im Dunkeln) eingesetzt werden.
Andere Lösungen sind möglich, zum Beispiel wenn die Schülerinnen und Schüler die Glimmspanprobe als Nachweis für Sauerstoff einbringen. Jan Ingenhousz arbeitete nicht mit Mäusen. Er stellte je eine brennende Kerze und eine gut beblätterte Pflanze unter jeweils eine Glocke und stellte eine ins Licht und eine dorthin, wo es dauerhaft dunkel war. In einem weiteren Teilversuch wurden Kartoffeln und eine Kerze unter eine Glocke gestellt und dem Licht ausgesetzt. Die Kerzen erloschen nach kurzer Zeit in jedem der drei Teilversuche. Nach sieben Tagen versuchte Ingenhousz die Kerzen unter der jeweiligen Glocke anzuzünden. Das gelang nur bei der Glocke, die eine grüne Pflanze enthielt und im Licht stand.

1.11 Energie

Wichtige Energie-Begriffe	
Energieformen, Energiewandlungen	**2** Abb. 2 (1)
Energiefluss	**1** Abb. 1
Energiewandlungen und Energiefluss	**3** Abb. 1,2

1

a) Im Laufe des Energieflusses folgen verschiedene Energieumwandlungen aufeinander. Energiewandler wandeln eine Energieform in andere Energieformen um. Die Lichtenergie der Sonne wird in den grünen Blättern der Kartoffelpflanze in chemische Energie (Nährstoffe) und Wärme umgewandelt. Biomasse zählt zu den erneuerbaren Energien. Der Mensch isst die Kartoffel und kann die darin gespeicherte Energie durch Zellatmung nutzbar machen. Beim Fahrrad fahren wird die chemische Energie der Nährstoffe der Kartoffel in Bewegungsenergie und in Wärme gewandelt. Wenn der Dynamo am Fahrrad eingeschaltet ist, wandelt dieser einen Teil der Bewegungsenergie in elektrische Energie um, mit der eine Lampe betrieben werden kann, die die elektrische Energie wiederum in Strahlungsenergie (Licht) und Wärme umwandelt.
Bei jeder Energiewandlung wird Wärme abgegeben, die nicht weiter genutzt werden kann (Energieentwertung). Dadurch wird der Wirkungsgrad gemindert.
b) Bei jeder Energiewandlung wird Wärme abgegeben, die nicht weiter genutzt werden kann. Diese Energieentwertung führt dazu, dass immer weniger Energie nutzbar bleibt, was im Diagramm darstellbar ist, indem die horizontalen Pfeile mit jedem Schritt kleiner werden.

2

a) Beispiele:
Der Ventilator wandelt elektrische Energie in Bewegungsenergie.

Ein Gasbrenner wandelt chemische Energie in Wärmeenergie.
In einer Leuchtdiode wird elektrische Energie in Lichtenergie gewandelt.
Beim Reiben der Hände wird Bewegungsenergie in Wärmeenergie gewandelt.
Solarzellen wandeln Lichtenergie in elektrische Energie.
b) Beispiele für Energiewandlungen des Menschen:
Verdauung (Zellatmung): chemische Energie in chemische Energie und Wärme
Muskelbewegung: chemische Energie in Bewegungsenergie und Wärme
Hände reiben: Bewegungsenergie in Wärmeenergie
c) Lichtenergie wird von der Sonne in das System der Erde von außen zugeführt. Pflanzen können in der Fotosynthese Lichtenergie in chemische Energie umwandeln, die so für alle Lebewesen auf der Erde nutzbar wird, für die Pflanzen selbst und für Tiere und Menschen, deren Nahrungsgrundlage Pflanzen sind (für Pflanzenfresser direkt, für Fleischfresser indirekt). Die meisten Energieträger beruhen auf der durch Fotosynthese genutzten Energiezufuhr durch die Sonne, z. B. nachwachsende Energieträger wie Brennholz und Pflanzenöle, aber auch fossile Energieträger wie z. B. Erdöl und Kohle, die aus organischen Substanzen früherer Lebewesen entstanden sind. Wichtig für das Leben auf der Erde ist auch der Umstand, dass Sonnenlicht an der Erdoberfläche zum Teil in Wärme gewandelt wird.

3

Beispiele für Energieflussdiagramme:
Sonne (Lichtenergie) → Pflanze (chemische Energie) → Mensch (chemische Energie)
Sonne (Lichtenergie) → Pflanze (chemische Energie) → Holverbrennung (Wärme)
Sonne (Lichtenergie) → Pflanze (chemische Energie) → Kuh (chemische Energie) → Mensch (chemische Energie) → Mensch (Bewegungsenergie)

1.12 Die Zellatmung – ein Prozess der Energieumwandlung

Sauerstoff ist lebensnotwendig	5	Abb. 4
Übersicht Zellatmung		
Zellatmung und Stofftransport im Körper	2 1	Abb. 1,2
Zellatmung bei körperlichen Anstrengungen	3	Abb. 1,2

1

Beim Einatmen gelangt Sauerstoff in die Lunge, wo er ins Blut aufgenommen wird. Durch die Verdauung gelangen Glucose und andere Nährstoffe vom Darm in das Blut. Mit dem Blut werden Sauerstoff und Glucose in alle Teile des Körpers transportiert. Die Zellen des Körpers nehmen Glucose und Sauerstoff aus dem Blut auf und wandeln in ihren Mitochondrien beim Vorgang der Zellatmung Glucose und Sauerstoff in Kohlenstoffdioxid und Wasser um. Ein Teil der chemischen Energie der Glucose wird in nutzbare chemische Energie, ein anderer Teil in Wärme gewandelt. Das Kohlenstoffdioxid wird in das Blut abgegeben und über die Lunge ausgeatmet. Die nutzbare chemische Energie kann für verschiedene Körpervorgänge (z. B. Bewegung der Muskeln, Informationsverarbeitung im Gehirn) genutzt werden.

2

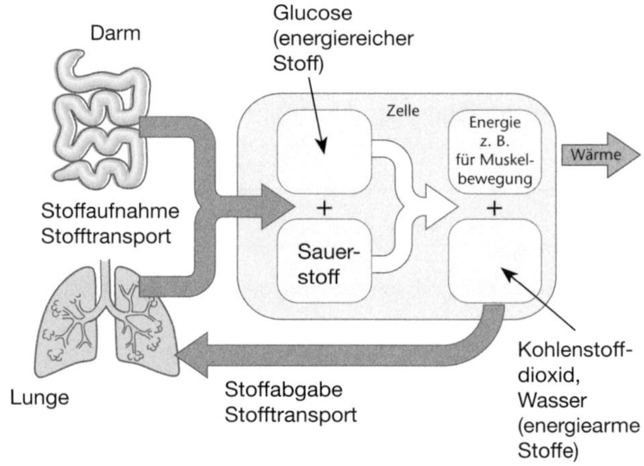

3

Bei körperlicher Anstrengung müssen die Muskelzellen sich stark und oft zusammenziehen. Die dafür notwendige Energie gewinnen sie aus der Zellatmung, in der chemische Energie der Nährstoffe (Glucose) in nutzbare Energie umgewandelt wird. Bei der Zellatmung wird Sauerstoff benötigt. Bei sehr starker Anstrengung muss entsprechend intensivere Zellatmung betrieben werden, also viel Sauerstoff und Glucose zu den Muskelzellen gelangen. Wenn die Atmung beschleunigt und das Blut schnell durch den Körper gepumpt wird (Erhöhung der Herzfrequenz), werden vor allem die Muskelzellen intensiver mit Sauerstoff und Glucose versorgt.

4

Gemeinsamkeiten:
Es wird Sauerstoff benötigt. Chemische Energie wird umgewandelt, der Ausgangsstoff enthält Kohlenstoff. Es wird Kohlenstoffdioxid frei. Es wird Wasser frei. Es wird Wärme frei.
Unterschiede:
Bei der Kerzenverbrennung wird fast alle Energie als Wärme und Licht frei, bei der Zellatmung wird keine Lichtenergie frei.
Die Temperaturen bei der Kerzenverbrennung sind sehr viel höher als in der Zelle.
Die Zellatmung kann nicht „leicht ausgepustet werden", sie findet durchgehend in allen Zellen statt.
Bei der Zellatmung entsteht Energie, die weiter für verschiedene Körpervorgänge genutzt werden kann; bei der Kerze ist die freiwerdende Wärme- und Strahlungsenergie für die Kerze verloren.
Ein wichtiger Unterschied besteht darin, dass bei der Kerzenflamme die Energie auf einmal frei wird, während bei der Zellatmung die chemische Energie der Glucose schrittweise in nutzbare chemische Energie und Wärme gewandelt wird.

5

Das Gehirn ist besonders empfindlich gegenüber Sauerstoffmangel: Schon 5 Sekunden Sauerstoffmangel führen zu leichten Störungen, nach 15 Sekunden tritt Bewusstlosigkeit auf. Nach wenigen Minuten Sauerstoffmangel treten Teilschäden auf, die nicht rückgängig zu machen sind und nach ca. 5 Minuten Sauerstoffmangel kommt es zum Gehirntod.
Die Gehirnzellen brauchen sehr viel Sauerstoff, um Zellatmung betreiben zu können und mit der daraus gezogenen Energie ihre Funktion, Informationen zu verarbeiten, zu erfüllen. Können diese Funktionen aus Mangel an nutzbarer Energie nicht mehr erfüllt werden, äußert sich das sofort z. B. in Wahrnehmungs-, Bewusstseins- oder Bewegungsstörungen.

1.13 Fotosynthese und Zellatmung

Fotosynthese und Atmung, Wechselwirkungen	**1**	Abb. 1–3
Auch Pflanzen atmen	**2**	Abb. 4 (1,3)
Wechselwirkungen von Fotosynthese und Atmung in einem Modellgewässer	**3**	Abb. 5,3

1

Alle Lebewesen, die Zellatmung betreiben, benötigen Sauerstoff. Pflanzen, die Fotosynthese betreiben, nutzen einen Teil des frei werdenden Sauerstoffs für die eigene Zellatmung, ein anderer Teil steht anderen atmenden Lebewesen, z. B. Tieren, zur Verfügung. Zur Fotosynthese benötigen Pflanzen neben Licht und Wasser auch Kohlenstoffdioxid, das von atmenden Lebewesen als Produkt der Zellatmung in die Luft abgegeben wird. Zellatmung und Fotosynthese der Pflanzen sind daher zwei Vorgänge, die in Wechselwirkung stehen. Gleichzeitig wird durch die Fotosynthese Sonnenenergie zur Umwandlung von energiearmen Stoffen in energiereiche Glucose genutzt. Von dieser in der Pflanze gespeicherten Energie hängen direkt oder indirekt alle Tiere ab.

2

a) Beobachtung: Mit der Zeit nimmt die CO_2-Konzentration im Gefäß ab, von 630 ppm CO_2 sind nach 15 Min. nur etwa 430 ppm übrig (ppm = parts per million).
Deutung: Im beleuchteten Glas betreiben die Efeublätter Fotosynthese und entziehen dem Wasser und in der Folge der über dem Wasser stehenden Luft CO_2.
b) Wenn die Blätter im Dunkeln stehen, können sie keine Fotosynthese betreiben. Demnach werden sie der Luft im Gefäß kein CO_2 entziehen. Im Gegenteil: durch die auch bei Pflanzen immer ablaufende Zellatmung wird im Dunklen die Kohlenstoffdioxidkonzentration zunehmen.

3

1) keine Änderung (weder Fotosynthese noch Zellatmung laufen ab)
2) keine Änderung (weder Fotosynthese, noch Zellatmung laufen ab); 1 und 2: Kontrollen
3) Die Sauerstoffkonzentration wird zunehmen, da Pflanzen im Licht durch die Fotosynthese mehr Sauer–stoff produzieren, als sie in der Zellatmung verbrauchen. Gleichzeitig wird der Kohlendioxid-Gehalt leicht abnehmen, da dem Wasser mehr Kohlenstoffdioxid für die Fotosynthese entzogen wird, als durch Zellatmung der Pflanze hinzukommt.
4) Der Sauerstoffgehalt des Wassers wird abnehmen und der CO_2-Gehalt ansteigen, da die Pflanzen Zellatmung betreiben und im Dunkeln keine Fotosynthese möglich ist.
5) Der Sauerstoffgehalt wird abnehmen und der Kohlenstoffdioxidgehalt zunehmen, da die Fische dem Wasser Sauerstoff für die Zellatmung entziehen und gleichzeitig Kohlenstoffdioxid bilden und ins Wasser abgeben.
6) Genauso wie in 5); die Zellatmung ist unabhängig vom Licht.
7) Sauerstoff- und Kohlenstoffdioxidgehalt des Wassers werden etwa konstant bleiben. Der von den Pflanzen produzierte Sauerstoff wird von den Fischen veratmet, das dabei frei werdende CO_2 von den Pflanzen in der Fotosynthese umgesetzt. Bei geringer Pflanzendichte oder vielen Fischen werden sich die Verhältnisse verschieben, da mehr Sauerstoff verbraucht wird als durch Fotosynthese frei wird und mehr CO_2 produziert wird als durch die Fotosynthese umgesetzt wird.
8) Der Sauerstoffgehalt wird stark abnehmen und der CO_2-Gehalt stark zunehmen. Sowohl Pflanzen als auch Fische brauchen Sauerstoff zur Zellatmung und geben CO_2 an das Wasser ab; Fotosynthese kann im Dunkeln nicht stattfinden.

1.14 Glucose wird in zahlreiche Stoffe umgewandelt

Mikroskopie von Stärkekörnern	3 Abb. 2
andere Stoffe, die die Pflanze braucht	
Bau- und Betriebsstoffe	1 Abschnitt 1
andere gebildete Stoffklassen	Abschnitte 3–5

Mikroskopie Blattquerschnitt	1
Zusammenfassung	2
Hausaufgabe	4

1

Stoffwechsel bezeichnet die Gesamtheit der Stoffaufnahme, Stoffumwandlung und -speicherung sowie Stoffausscheidung eines Lebewesens.
Der Baustoffwechsel beschreibt die Teilbereiche, die für den Substanzaufbau und -abbau verantwortlich sind.
Der Betriebsstoffwechsel beschreibt die Teilbereiche, die für die Energiebereitstellung verantwortlich sind.

2

Aus Wasser und Kohlenstoffdioxid erzeugt das Blatt durch Fotosynthese Sauerstoff und Glucose. Aus Glucose entstehen durch verschiedene Stoffwechselreaktionen Betriebsstoffe wie andere Kohlenhydrate und Fette und verschiedene Stoffe des Baustoffwechsels wie Duft-, Farb- und Giftstoffe oder DNA.

3

zur Mikroskopie von Stärkekörnern siehe Abb. 2 oder Lehrbücher für Mikroskopie

4

Errechnen der Glucosemenge:

Glucosemenge = Blattfläche [m^2] x Stunden x 1g Glucose/(m^2 x h)
= 0,3284 m^2 x 105 x 14h x 1 g/m^2 x h + 0,6567 m^2 x 60 x 12h x 1 g/m^2 x h
= 483 g + 473 g = 956 g

1.15 Die Bedeutung der Fotosynthese für die Erde

Überblick: Verschiedene Aspekte der Bedeutung der Fotosynthese	
Bedeutungen der Fotosynthese global	1 2 Abb. 2–6
Fotosynthese eines Laubbaumes	Abb. 2
Globale Verteilung des Chlorophylls	3 Abb. 1

1

Beispiele für Bildunterschriften:

2) Dieser Baum versorgt durch Fotosynthese 11 Menschen mit Sauerstoff.

3) Pflanzen produzieren durch Fotosynthese Nahrung für Tiere (und Menschen).

4) Fotosynthese treibende Lebewesen schufen in der Erdgeschichte die sauerstoffhaltige Atmosphäre und die lebenswichtige Ozonschicht.

5) Fossile Energieträger und nachwachsende Rohstoffe gründen auf der Fotosynthese der Pflanzen.

6) Kohle geht auf die Fotosynthese in längst vergangenen Zeiten zurück.

2

Plakat: „Die Bedeutung der Fotosynthese“: zahlreiche individuelle Lösungen

3

Auf der Satellitenaufnahme der Erde sind deutlich die mit Pflanzenwuchs bedeckten Bereiche der Erdoberfläche zu erkennen. Direkt am Äquator, z. B. in Zentralafrika, in großen Teilen Südamerikas und in Indonesien ist der Chlorophyllgehalt sehr hoch (dunkelgrüne Gebiete), hier wächst dichter tropischer Regenwald mit einer hohen Pflanzendichte. Nach Norden hin schließt sich in Afrika ein großer Wüstengürtel, die Sahara, an, in der fast keine Pflanzen wachsen und der Chlorophyllgehalt daher sehr niedrig ist (helle Farbe). Solche chlorophyllarmen Wüstengebiete gibt es außerdem an der Westküste Südamerikas (Atacama-Wüste in Peru, Chile), in Arabien, im Iran, in Zentralasien (z. B. Turan, Hochland von Tibet, Gobi) und in Australien. Nordamerika, Europa und der Norden Asiens sind durch ihre dichten Laub- und Nadelwälder chlorophyllreich. In der Arktis und der Antarktis ist kaum pflanzliches Leben möglich und der Chlorophyllgehalt entsprechend gering. Auch die Meere zeigen einen unterschiedlichen Chlorophyllgehalt: In den tropischen Meeren in der Nähe des Äquators ist der Chlorophyllgehalt sehr gering (blaue Farbe), im Nordatlantik, im Nordpazifik und an vielen Küsten ist die Dichte des pflanzlichen Planktons im Meer dagegen höher, was an der hellblauen und grünen Färbung zu sehen ist.
Die Satellitenaufnahme wurde vermutlich im europäischen Sommer gemacht, da auf der Nordhalbkugel relativ wenige verschneite Gebiete zu sehen sind und die Vegetation zum Beispiel in Mitteleuropa voll entwickelt ist.

1.16 Wälder sind verschieden

Wälder sind verschieden	1	Abb. 1
Wälder als Lebensräume – Biodiversität und Waldtyp	1 2	Abb. 2
Waldzusammensetzung in Gegenwart und Zukunft	3	Abb. 3

1

a) Abbildung a zeigt einen Waldrand. Die abgebildeten Bäume scheinen nur aus einer einzigen Baumart zu bestehen. Es sind hochwüchsige Nadelbäume, die nur in der Krone Äste und Nadeln haben. Es handelt sich um einen Nadelwald in Monokultur. Abbildung b zeigt das Waldesinnere in Bodennähe. Es sind die Baumstämme älterer, hochwüchsiger Bäume, junge Nadel- und Laubbäume sowie im Bodenbereich verschiedene Sträucher und moosbedeckte Felsbrocken abgebildet. Es handelt sich dabei um einen naturnahen Mischwald. Abbildung c zeigt ebenfalls ein Waldesinneres. Es sind die Stämme älterer, hochwüchsiger Bäume sowie einige junge Laubbäume abgebildet. Der Boden ist von altem Laub und wenig Bewuchs bedeckt. Es handelt sich dabei um einen naturnahen Laubwald.

b) Der menschliche Einfluss ist in dem Wald in a am größten. Der Wald wurde künstlich angelegt; er dient vermutlich der Holzgewinnung. Im Wald in b ist der menschliche Einfluss am geringsten. Er sieht naturbelassen aus. Im Wald in c liegt der Einfluss zwischen a und b. Er ist eventuell bewirtschaftet, wobei nur einzelne Bäume zur Holzgewinnung gefällt werden.

c) Im Wald b ist die Tier- und Pflanzenwelt vermutlich am artenreichsten. In diesem naturnahen Mischwald gibt es viele unterschiedliche Lebensräume. Hier konnten sich viele verschiedene ökologische Nischen bilden. Es gibt eine hohe Biodiversität.

d) Am besten eignet sich der Wald in a; die Bäume wachsen schnell und haben eine ähnliche Größe.

e) Vermutlich wurde mit den Monokulturen der Versuch gemacht, eine industrielle Forstwirtschaft ähnlich der Landwirtschaft aufzubauen: Große Flächen werden mit der „Nutzpflanze" bepflanzt und später „geerntet". Die frei gewordene Fläche wird wiederum bepflanzt.
Die künstlich bepflanzten Monokulturen sind anfälliger für Sturmschäden und Schädlinge als naturnahe Wälder. Die frisch gerodeten Flächen sind anfälliger für Erosion.
Die Monokulturen werden wieder durch naturnahe Wälder ersetzt, da sie weniger anfällig sind und eine größere biologische Vielfalt bieten. So helfen sie den Artenreichtum zu bewahren.

2

a) Das Diagramm zeigt die Anzahl von seltenen und häufigen Vogelarten des Bayerischen Waldes in Abhängigkeit von dem Alter der Bäume. Man erkennt, dass bei älteren Bäumen die Anzahl der selteneren Vogelarten deutlich höher ist. Auch die Anzahl der häufigen Vogelarten steigt an, jedoch nicht so stark. Bei einem Alter der Bäume von 5–10 Jahren sind keine seltenen Vogelarten vorhanden. Je älter die Bäume werden, desto vielfältiger werden offensichtlich die Lebensräume, die der Wald bietet.

b) Im Zuge des Naturschutzes sollten mehr naturnahe Wälder angelegt werden, in denen auch alte Bäume wachsen, um die biologische Vielfalt zu „fördern" und zu erhalten.

3

Das Diagramm zeigt den deutlichen Rückgang von Nadelbäumen und einen Zuwachs an Laubbäumen; es spiegelt wieder, dass von Nadelwald-Monokulturen Abstand genommen wird und vermehrt naturnahe Wälder angelegt werden.

1.17 Der Wald ist gegliedert

Tiere und Pflanzen des Waldes		Abb. 1
„Welche Tiere und Pflanzen leben wo und wie?“ Gliederung des Waldes in Schichten	1	Abb. 1
Biozönose – Biotop – Ökosystem	2	

1

a) und **b)**:

Rotbuche: 8	Baum- oder Kronenschicht
Fichte: 2	Baum- oder Kronenschicht
Haarmoos: 17	Moosschicht
Aronstab: 3	Krautschicht
Baummarder: 11	Baum- oder Kronenschicht
Eiche: 12	Baum- oder Kronenschicht
Eichhörnchen: 5	Baum- oder Kronenschicht
Fuchs: 15	Krautschicht
Habicht: 19	Krautschicht
Reh: 4	Krautschicht
Waldameise: 10	Boden
Waldmaus: 18	Krautschicht
Schattenblume: 6	Krautschicht
Adlerfarn: 16	Krautschicht
Große Sternmiere: 14	Krautschicht
Eichelhäher: 9	Baum- oder Kronenschicht
Eichenwickler: 13	Baum- oder Kronenschicht
Buntspecht: 7	Baum- oder Kronenschicht
Haselnuss: 21	Strauchschicht
Buchdrucker: 1	Baum- oder Kronenschicht
Holunder: 20	Strauchschicht

2

Biozönose: Lebensgemeinschaft aller Lebewesen, die in einem Lebensraum regelmäßig vorkommen.
Biotop: Lebensraum, in dem eine Biozönose lebt; umfasst alle abiotischen Bestandteile des Lebensraums
Ökosystem: Wirkungsgefüge aus Biotop und Biozönose

1.18 Der Wald im Jahresverlauf

Frühblüher, Beispiele Buschwindröschen und Scharbockskraut		Abb. 1
Stockwerke und Lichtverhältnisse im Wald	1 2 4	Abb. 2,3,5
Angepasstheiten der Frühblüher	3 a	Abb. 1–3
	3 b,c	Abb. 3,4,6

1

Im Winter (Dez., Jan.) ist die Lichtintensität am Boden eines Laubwaldes eher gering, die Bäume haben zwar noch keine Blätter, aber die Lichteinstrahlung der Sonne ist insgesamt schwach.
Im Frühjahr (Feb.–April) nimmt die Lichtintensität am Boden stark zu und ist im April sehr hoch. Die Bäume haben noch kaum Laub ausgebildet und fast die gesamte Sonneneinstrahlung erreicht den Waldboden. In dieser Zeit treiben Frühblüher wie das Scharbockskraut und das Buschwindröschen aus und blühen.
Ende April/Mai, wenn sich das volle Laub der Bäume entfaltet, nimmt die Lichtintensität stark ab und zwischen Juni und August erreicht nur sehr wenig Licht den Waldboden. Erst ab September, wenn die Bäume anfangen, ihr Laub abzuwerfen, nimmt die Lichtintensität wieder leicht zu.

Pflanzen wie der Waldmeister sind an dunkle Lichtverhältnisse angepasst, er blüht im Mai, hat aber das ganze Jahr über oberirdische Pflanzenteile. Auch der Efeu ist das ganze Jahr über im Wald zu finden, er blüht Ende September/Oktober.

2

Stockwerkaufbau und Lichtverhältnisse im Sommer:
Das oberste Stockwerk des Waldes bildet die Kronenschicht (40 m), die das volle Sonnenlicht erreicht.
Innerhalb der Kronenschicht nimmt die Sonneneinstrahlung ab, die Strauchschicht (5 m) erhält nur noch 1/4 des Sonnenlichts.
Darunter liegen die Krautschicht (1 m) und die Moosschicht (20 cm). Bis hierhin kommt nur noch ein sehr kleiner Teil des Sonnenlichts (ca. 1/16).
Die unterste Schicht im Wald ist die Bodenschicht.

Skizze für den Wald im Frühjahr:

3

a) Buschwindröschen und Scharbockskraut treiben sehr früh im Jahr aus, wenn die Lichtintensität im Laubwald hoch ist. Mithilfe des Lichts wachsen sie schnell und bauen Nährstoffe auf. Diese Nährstoffe lagern sie in unterirdischen Speicherorganen ein, um im nächsten Jahr wieder früh Blätter ausbilden zu können. Im Sommer, wenn die Lichtintensität am Waldboden gering ist, sind alle oberirdischen Pflanzenteile abgestorben.
b) Der Efeu kann auch bei niedrigen Lichtintensitäten leben und ist das ganze Jahr über grün. Außerdem ist Efeu eine Kletterpflanze, die an Bäumen empor klettert und so höhere Stockwerke des Waldes erreicht, wo die Lichtintensität höher ist.
c) Auch der Waldmeister kann mit wenig Licht leben, er wächst im Sommer im Schatten der Bäume.

4

Im Fichtenwald ist der Waldboden dunkel und es wachsen kaum Pflanzen, im Laubwald ist am Boden mehr Licht und der Waldboden ist grün bewachsen.
Ein Fichtenwald ist sehr dicht, sodass kaum Licht den Waldboden erreicht. Pflanzen brauchen Licht zum Wachsen, daher gibt es im Fichtenwald keine auffällige Krautschicht aus Pflanzen.
Ein Laubwald ist lichter, es gelangt mehr Licht durch die Bäume bis zum Boden. Pflanzen können wachsen und es bildet sich eine grüne Krautschicht.

1.19 Konkurrenz und ökologische Nischen

Wintergoldhähnchen und Sommergoldhähnchen vermeiden Konkurrenz	**1** Abb. 1–3
Das Konzept der ökologischen Nische	
Wachstum von Gräsern mit und ohne Konkurrenz	**2** Abb. 4

1

a) Sommer- und Wintergoldhähnchen kommen in unseren Misch- und Nadelwäldern vor. Es handelt sich um Singvögel, deren Gesang sich jedoch unterscheidet. Sie wohnen in ähnlichen Revieren, unterscheiden sich jedoch durch Aussehen, Verhalten und Umweltansprüche. Im Gegensatz zu den Wintergoldhähnchen ziehen Sommergoldhähnchen im Herbst nach Südeuropa.
b) In Abbildung 2 ist die Fortbewegung von Winter- und Sommergoldhähnchen während der Nahrungssuche in Abhängigkeit von der Zeit dargestellt. Man erkennt, dass Wintergoldhähnchen über einen Zeitraum von circa 20 Minuten nur etwa 100 Meter entfernt suchen, im Gegensatz zu den Sommergoldhähnchen, die in der gleichen

Zeit teilweise über 500 Meter zurücklegen. Daraus lässt sich ableiten, dass Wintergoldhähnchen relativ kleine Bereiche gründlich und Sommergoldhähnchen größere Bereiche eher „oberflächlich" nach Beute absuchen.
Abbildung 3 zeigt die Zusammensetzung der Beute der beiden Goldhähnchen. Man erkennt, dass die Art der Nahrung ähnlich ist: Beide fressen Raupen, Spinnen und Falter. Sie unterscheiden sich jedoch in der Größe der Beute. Wintergoldhähnchen bevorzugen eher kleine Beutetiere, Sommergoldhähnchen dagegen eher größere.

2

a) Bei welcher Bodenfeuchtigkeit wachsen die jeweiligen Grasarten am besten und wie verhalten sie sich unter Konkurrenz?

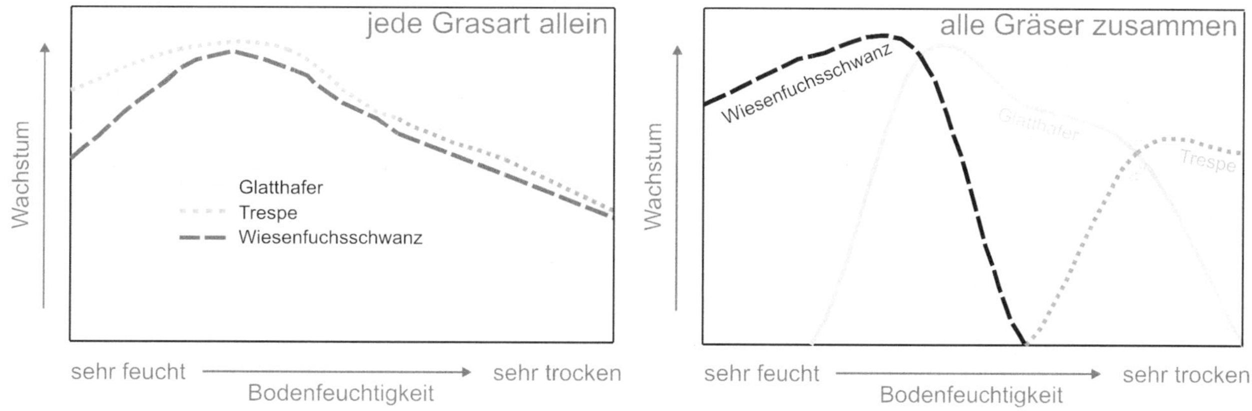

Alle drei Grasarten haben einen ähnlichen Wuchsbereich: Ohne Konkurrenz wachsen alle Arten am besten bei recht hoher Bodenfeuchtigkeit. Unter Konkurrenz setzen sich der Wiesenfuchsschwanz im feuchten, der Glatthafer im mittleren und die Trespe im trockeneren Bereich durch.

b) Diese Aussage ist falsch: Die Trespe wächst ohne Konkurrenz anderer Arten am besten im feuchten Bereich. Unter Konkurrenz setzt sie sich jedoch gegenüber anderen im trockenen Bereich durch.

1.20 Standortansprüche von Rotbuche und Waldkiefer

Standortansprüche von Rotbuche und Waldkiefer im Vergleich	**2** Abb. 1,2
Bau und Leistungen von Laub- und Nadelblättern im Vergleich	**1** Abb. 3
Sonnen- und Schattenblätter als Anpassungsleistungen	**3**

1

a) Das Rotbuchenblatt zeigt den typischen geschichteten Aufbau eines Blattes mit den verschiedenen Geweben, einer dünnen Cuticula und teils sehr großen Zellen. Außerdem sind mehrere Leitbündel zu erkennen.
Die Fichtennadel hat nur kleine Zellen, ein Leitbündel in der Mitte und eine dicke Wachsschicht um die Nadel herum.

b) *Blattoberfläche*
Rotbuche: groß → kann viel Licht auffangen und viel Wasser verdunsten
Waldkiefer: klein → Schutz vor zu großer Wasserverdunstung, nutzt das Licht nicht so effektiv wie die Buche, aber dafür ganzjährig

Ausnutzung des Sonnenlichts
Rotbuche: sehr gut → große Blätter, die versetzt zueinander stehen, Rotbuche wächst bei wenig Licht
Waldkiefer: braucht sehr viel Licht, kann das Licht nicht so gut ausnutzen, da die Blattoberfläche klein ist
Wasserabgabe über die Blätter
Rotbuche: viel, wegen großer Blattoberfläche
Waldkiefer: wenig, wegen kleiner Blattoberfläche

2

Die Keimlinge der Rotbuche können bereits bei sehr wenig Licht wachsen. Sie nutzen das Sonnenlicht sehr effektiv aus, indem ihre Blätter versetzt zueinander stehen. Allerdings verdunstet über die große Blattoberfläche sehr viel Wasser; daher müssen sie im Herbst die Blätter abwerfen. Ansonsten würde das Wasser in den Blättern gefrieren, die Zellen zerstören und der Baum könnte im folgenden Jahr nicht austreiben. Ihre Samenanlage liegt in einem Fruchtknoten (Bedecktsamer); die Blüten werden durch den Wind bestäubt. Im Herbst sind die Früchte (Bucheckern) reif, fallen zu Boden und können im folgenden Jahr auskeimen. Die Verbreitung ist örtlich eher begrenzt. Ein Herbststurm vor dem Reifen der Früchte hätte ernsthafte Folgen, da die Verbreitung der Samen damit nicht gewährleistet wäre.
Im Gegensatz dazu betreibt die Waldkiefer das ganze Jahr über Fotosynthese. Durch die Struktur ihrer Blätter ist sie daran angepasst, im Winter kaum Wasser zu verdunsten. In Trockenzeiten kommt sie durch ihre langen Pfahlwurzeln an Grundwasser. Ihre Samenanlage liegt nicht in einem Fruchtknoten (Nacktsamer). Auch hier werden die Blüten vom Wind bestäubt; allerdings sind die Samen so leicht, dass sie auch über größere Gebiete durch den Wind verteilt werden können.

3

a) Schattenblätter wachsen an lichtarmen Stellen im Baum.
Durch die große Blattoberfläche und den hohen Gehalt an Blattfarbstoffen können die Schattenblätter das wenige Licht gut für die Fotosynthese nutzen.
Das intensivere Sonnenlicht dringt tief in die dickeren Sonnenblätter ein, sodass die innen liegenden Zellen Fotosynthese treiben können.
Sonnenblätter sind kleiner und dicker, da so der Wasserverlust durch Verdunstung bei starker Sonneneinstrahlung verringert wird.

	Sonnenblatt	**Schattenblatt**
Position im Baum	äußere Bereiche der Baumkrone	untere Bereiche der Baumkrone
Lichtverhältnisse am Wuchsort	viel Licht	wenig Licht
Blattoberfläche (Ø)	28 cm^2	47 cm^2
Blattdicke	0,2 mm	0,1 mm
Gehalt an Farbstoffen im Blatt	gering (halb so hoch wie bei Schattenblatt)	hoch (doppelt so hoch wie bei Sonnenblatt)

b) Vorschlag 1: Äste mit Sonnenblättern und solche mit Schattenblättern getrennt einpflanzen und verschiedenen Lichtstärken aussetzen. Bei dunklen Lichtverhältnissen bilden sich Schattenblätter aus (groß und dünn), bei starker Lichteinstrahlung bilden sich Sonnenblätter aus (klein und dick).
Vorschlag 2: Bäume so beschneiden, dass Äste, die bisher im Schatten gewachsen sind, viel Licht erhalten. Größe der neu wachsenden Blätter mit den ursprünglichen vergleichen.

M Bestimmen von Bäumen – digitales Herbarisieren

1

a) Lärche
b) Waldkiefer
c) Fichte
d) Tanne
e) Rosskastanie
f) Holunder
g) Eberesche
h) Spitzahorn
i) Bergahorn
k) Feldahorn
l) Stieleiche
m) Rotbuche
n) Traubeneiche
o) Hainbuche
p) Warzenbirke
q) Schwarzpappel
r) Sommerlinde
s) Winterlinde

2

Bestimmungsschlüssel für die Nadelbaumarten

1	Wintergrüne Pflanze	2
1+	Nadeln bis zu 15 cm lang, in Büscheln, im Winter abfallend	Lärche
2	Nadeln 1–2,5 cm lang, dunkelgrün	3
2+	Nadeln 3–8 cm lang, blaugrün	Waldkiefer
3	Zapfen aufrecht an den Ästen sitzend	Tanne
3+	Zapfen an den Ästen hängend	Fichte

M Walderkundung

1

Ergebnisse sind abhängig von den untersuchten Waldstücken.

2

a), b) Da die Länge des Stocks genau der Armlänge entspricht, bildet sich ein gleichschenkliges, rechtwinkliges Dreieck zwischen Auge, Hand und Stockspitze. Bei der gewählten Position entsteht zwischen Auge, Baumstamm und Baumspitze ein Dreieck, das die gleichen Winkel hat und daher ebenfalls gleichschenklig ist. Die Seitenverhältnisse der beiden Dreiecke entsprechen sich, somit entspricht der Abstand zum Baum plus die Körpergröße der Baumhöhe.

3

Im Inneren des Waldes gelangt wenig Licht an den Waldboden. Weiter oben ist die Lichtintensität höher. Am Waldrand ist die Lichtintensität höher als im Waldesinneren.

4

Auf Freiflächen sind die Temperaturschwankungen am größten, im Waldesinneren am geringsten. Besonders am Waldboden schwankt die Temperatur nur wenig.

5

Waldboden bindet die Farbstoffe. Das Wasser, das in das Auffanggefäß gelangt, ist deshalb nur noch schwach oder überhaupt nicht mehr gefärbt. Kies hat keine Filterwirkung. Offensichtlich sind es die organischen Bestandteile des Bodens, die die Farbstoffe binden.

6

Durch Sand versickert das Wasser schnell. Entscheidend für die Versickerungsdauer ist unter anderem die Korngröße und der Gehalt an organischen Bestandteilen. Je größer die Korngröße und je geringer der Humusgehalt ist, desto schneller versickert das Wasser.

1.21 Ökofaktoren wirken auf Lebensgemeinschaften

Verschiedene Ökofaktoren wirken auf einen Baum ein	Abb. 1
Toleranz gegenüber Ökofaktoren	Abb. 2
Wachstum mit und ohne Konkurrenz	Abb. 3

Ökogramme	1	Abb. 4
Konkurrenz von Rotbuche und Stieleiche	2	Abb. 5,6

1

a)

Baumart	**größtmöglicher Wuchsbereich**	**bestmöglicher Wuchsbereich**	**Wuchsbereich mit Konkurrenz**
Rotbuche	*Säuregehalt des Bodens:* stark sauer bis kalkhaltig *Bodenfeuchtigkeit:* sehr trocken bis feucht	*Säuregehalt des Bodens:* sauer bis kalkhaltig *Bodenfeuchtigkeit:* trocken bis frisch/feucht	*Säuregehalt und Feuchtigkeit des Bodens:* auf sauren bis kalkhaltigen Böden auf trockenen bis frischen Standorten
Stieleiche	*Säuregehalt des Bodens:* stark sauer bis kalkhaltig *Bodenfeuchtigkeit:* sehr trocken bis feucht	*Säuregehalt des Bodens:* sauer bis kalkhaltig *Bodenfeuchtigkeit:* mäßig trocken bis feucht	*Säuregehalt und Feuchtigkeit des Bodens:* auf stark sauren Böden bei sehr trockenem bis feuchtem Boden, auf sauren bis kalkhaltigen Böden nur bei sehr trockenem oder feuchtem Boden
Schwarzerle	*Säuregehalt des Bodens:* sauer bis kalkhaltig *Bodenfeuchtigkeit:* sehr trocken bis nass	*Säuregehalt des Bodens:* sauer/mäßig sauer bis kalkhaltig *Bodenfeuchtigkeit:* mäßig trocken bis nass	*Säuregehalt des Bodens:* mäßig sauer bis kalkhaltig *Bodenfeuchtigkeit:* nass
Waldkiefer	*Säuregehalt des Bodens:* stark sauer bis kalkhaltig *Bodenfeuchtigkeit:* sehr trocken bis nass/ sehr nass	*Säuregehalt des Bodens:* sauer bis neutral/ kalkhaltig *Bodenfeuchtigkeit:* trocken bis feucht	*Säuregehalt und Feuchtigkeit des Bodens:* sehr trocken und stark sauer/ sauer; sehr trocken und neutral bis kalkhaltig; nass/sehr nass und stark sauer/sauer

b)

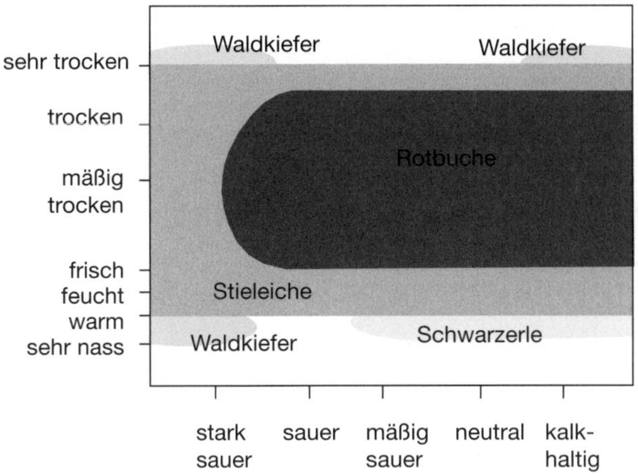

Die Rotbuche nimmt den größten Platz im Ökogramm ein, d. h. sie dominiert an vielen, relativ unterschiedlichen Standorten. Auch die Stieleiche ist an ähnlichen Standorten weit verbreitet; auf stark sauren Böden und auf recht trockenem oder feucht/nassem Boden ist sie die dominante Art. Schwarzerle und Kiefer kommen dagegen nur an ganz bestimmten Standorten mit bestimmten Konstellationen von Ökofaktoren vor, an denen die anderen Arten schlechter wachsen können; im Ökogramm ist dies als schmaler Streifen der Ausbreitung erkennbar.

c) An stark sauren, trockenen Standorten sollten sich Eichenwälder ausbilden.

2

a) Toleranz (Wachstumsbereich): Beschreibt den Bereich von Ökofaktoren, innerhalb derer eine Pflanze wachsen kann; beinhaltet den Vorzugsbereich und den möglichen Wachstumsbereich.
Konkurrenz: Beschreibt den Wettbewerb verschiedener Pflanzen um die gleichen Ressourcen.
b) Die jungen Pflanzen der Rotbuche wachsen schnell und vertragen gut Schatten. Die Stieleiche hingegen nicht; daher kann sie unter Rotbuchen nicht gut wachsen. Die Blätter der großen Rotbuchen werfen viel Schatten, so dass nur Rotbuchen und keine Stieleichen nachwachsen können. Auch die Ökogramme in Abbildung 4 zeigen diesen Sachverhalt: Die Rotbuche „verdrängt" die Stieleiche in Richtung größerer Bodenfeuchtigkeit und geringeren Säuregehaltes des Bodens.
c) Die Stieleiche gibt bei trockenen Böden deutlich weniger Wasser ab als die Rotbuche; daher wird sie sich unter diesen Bedingen gegenüber der Rotbuche durchsetzen.

1.22 Der Wurmfarn

Bau des Wurmfarnes	1 Abb. 1,2
Umweltansprüche des Wurmfarnes	2
Fortpflanzung des Wurmfarnes	1 Abb. 3,4
Generationswechsel	3 Abb. 6

1

1) junger Wedel
2) Wedel

2

Zeigerwerte Licht:
Minimum: 3 (Wurmfarn, Eichenfarn, Rippenfarn)
Maximum: 8 (Mauerraute)
Mittelwert: 4,5

Zeigerwerte Bodenfeuchte:
Minimum: 3 (Mauerraute)
Maximum: 9 (Dornfarn)
Mittelwert: 6,125

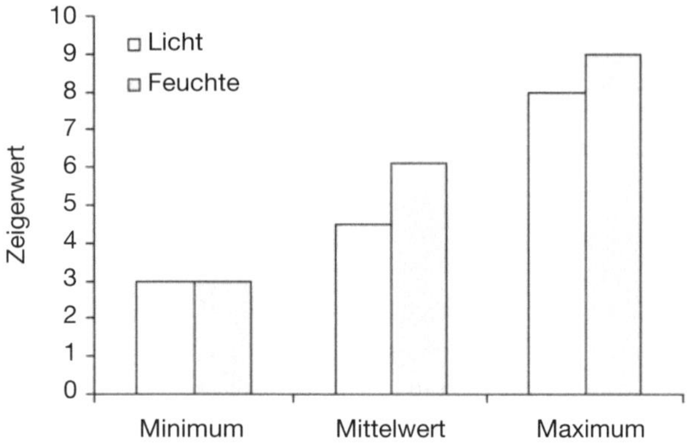

Farne zeigen meist Halbschatten bis Schatten an (mittlerer Zeigerwert 4,5). Farne wie die Mauerraute, die im Licht wachsen (8), sind die Ausnahme.
Die Bodenfeuchte betreffend, sind Farne meist Zeigerpflanzen für Feuchte (mittlerer Zeigerwert 6,125), auch hier ist die Mauerraute, die ein Trocken-Zeiger ist (3), die Ausnahme.

3

a	Farn mit Sporenkapsel
b	heranwachsende Sporenkapsel
c	aufreißende Sporenkapsel
d	Spore
e	Spore mit Keimschlauch
f	*Vorkeim*
g	*Antheridium*
h	*Schwärmer*
i	*Archegonium*
k	*Vorkeim* mit junger Farnpflanze
l	junge Farnpflanze

(geschlechtliche Abschnitte *kursiv*)

1.23 Moose

Versuch mit Moospolstern	2
Die Bedeutung der Moose	3 4
Die Vermehrung der Moose, Generationswechsel	1 Abb. 1

1

Moospflanzen mit weiblichen und männlichen Blüten → Ausbildung von Archegonien und Antheridien → bei Wasser: Schwärmer bewegen sich zu den Archegonien → Befruchtung → Wachstum eines Stiels mit Sporenkapsel → ungeschlechtliche Teilung in der Sporenkapsel → bei Trockenheit: Öffnen der Sporenkapsel und Ausbreitung der Sporen durch den Wind → Wachstum des Protonemas → Wachstum neuer Moospflanzen

Man spricht von einem Generationswechsel, da sich geschlechtliche (grau) und ungeschlechtliche Generationen (schwarz) abwechseln.

2

–

3

a) besiedeln offenen Boden schnell; wachsen dicht nebeneinander; wachsen auch an extremen Standorten; vertragen sehr gut Trockenheit
b) Moose können sehr viel Wasser speichern und können Wasser bei Bedarf abgeben. Außerdem dienen sie vielen Gliederfüßern als Lebensraum.
c) Nein; die Rhizoide dienen nur der Verankerung. Sie dringen nicht ein und entziehen dem Baum keine Nährstoffe.

4

Moosbewuchs auf Baumrinden ist nicht schädlich. Rhizoide dienen nur der Verankerung. Sie dringen nicht ein und entziehen dem Baum keine Nährstoffe.

1.24 Sporenpflanzen sind anders als Samenpflanzen

Sporenpflanzen im Vergleich zu Blütenpflanzen (Tabelle erarbeiten)	Abb. 1,2

Vergleich von Samen und Sporen	Abb. 1

Unterschiede zwischen Moosen und Farnen	3 Abb. 1,2

1

	Sporen	Samen
Entstehung	ohne geschlechtliche Vorgänge durch einfache Zellteilung	aus der Befruchtung (Verschmelzung einer Eizelle und einer Spermazelle)
Entstehungsort	Sporenkapseln / Sporangien	Frucht
Freisetzung	bei Trockenheit	unterschiedliche Mechanismen
Aufbau	Zellen mit einer starken Außenhaut	feste Schale, darin ein Keimling (Embryo)
Nährstoffgehalt	keine Reservestoffe enthalten	Vorrat an Nährstoffen ist enthalten

2

Samen können auch in der Dunkelheit keimen, weil sie einen Vorrat an Nährstoffen und damit auch an Energie enthalten. Solange dieser Vorrat nicht aufgebraucht ist, benötigen sie nicht unbedingt das Licht als Energiequelle. Sporen haben keinen Nährstoffvorrat und sind deshalb von Anfang an auf Licht als Energiequelle angewiesen. Ohne diese Energiequelle kann ihr Stoffwechsel die für ein Wachstum nötigen Stoffe nicht erzeugen.

3

a) Lebermoose besitzen keine richtigen Wurzeln und auch keine Leitungsbahnen. Sie nehmen wie andere Moose Wasser und Mineralsalze über die Blätter auf. Die Versorgung ist in Bodennähe eindeutig am besten. Moose bleiben klein, weil sie Wasser, Mineral- und Nährstoffe nicht in weiter entfernte Gewebe transportieren können.

b) Der Baumfarn hat Wurzeln, die ihn im Boden verankern und zu seiner Wasserversorgung beitragen. Da Farne über Leitungsbahnen verfügen, können in ihrem Inneren Wasser und Nährstoffe nach oben transportiert werden. Wenn untere Farnwedel absterben entsteht ein Stamm, durch den die oberen Wedel weiter versorgt werden. So kann der Baumfarn in die Höhe wachsen, indem er nach und nach oben neue Wedel ausbildet.

1.25 Blüte und Insekt

Nektar als Nahrung für Insekten	Abb. 3
Insekten besitzen besonders gestaltete Mundwerkzeuge	1 Abb. 2,4,5
Angepasstheit der Insekten an die besuchten Blüten	2 Abb. 7,8
Insekten bestäuben Blüten	Abb. 1
Symbiose zwischen Insekten und Pflanzenarten	3 Abb. 9,10

1

Beide Mundwerkzeuge sind gut zur Aufnahme von Nektar geeignet, weil sie dünn sind und so in die Blüte gesteckt werden können. Durch die Röhrenform kann der flüssige Nektar aufgesaugt werden. Der Rüssel des Kleinen Fuchses ist sehr lang und daher gut für trichterartige Blütenformen (z. B. Lichtnelke) geeignet. Die Honigbiene hat eine Zunge mit Löffelchen und damit einen Leck-Saugrüssel.

2

Honigbiene: landet auf Blüte, krabbelt mit dem Kopf voran bis zum Nektar, leckt Nektar mit Löffelchen auf und saugt ihn dann durch den Rüssel in den Mund. Kann sich durch ihr Gewicht auch in enge Blüten hineinzwängen.
Kleiner Fuchs: landet auf Blüte, fährt seinen langen, aufgerollten Rüssel aus und kann mit ihm tief in die Blüte eindringen und dort Nektar aufsaugen.
Auch die Blumen sind durch ihre Blütenform auf bestimmte Bestäuber spezialisiert. Durch ihre Form kann z. B. die Lichtnelke nur von Schmetterlingen wie dem Kleinen Fuchs besucht werden, der mit seinem langen Rüssel den Blütenboden erreicht. In enge Blüten wie die der Glockenblume können sich nur schwere Insekten wie die Honigbiene hineinzwängen. Beim Nektarsaugen streift das Insekt durch die Blütenform die Staub- und Fruchtblätter, sodass Pollen an ihm hängen bleibt und zur nächsten Pflanze getragen wird, die dadurch bestäubt wird. Die Pflanze ist darauf angewiesen, dass Insekten ihren Pollen zu anderen Pflanzen der selben Art transportieren und so die Fortpflanzung ermöglichen. Daher ist es günstig, dass bestimmte Insektenarten auf bestimmte Pflanzenarten spezialisiert sind und vor allem immer wieder diese besuchen.

	Honigbiene	**Kleiner Fuchs**
Oberlippe	nach unten gerichtet	nach vorne gerichtet
Oberkiefer	stark ausgebildet, seitlich über Unterkiefer	klein
Unterkiefer	lang gestreckt, gerade	sehr lang, aufgerollt
Unterlippe	am Ende des Unterkiefers, nach unten gerichtet, mit Löffelchen an der Spitze	dicht am Kopf
Unterlippentaster	seitlich der Unterlippe, klein/fein, am Rüssel	seitlich der Unterlippe, sehr groß, am Kopf

3

a) Der Ragwurz hat drei unauffällige, weiße Kronblätter und ein sehr auffälliges, bunt gefärbtes, großes Kronblatt. Es ist gelb/bräunlich mit einer blau schillernden Zeichnung und erinnert durch Farbe und Form an ein Insekt (Biene oder Fliege). Die Blütenblätter zusammen bilden eine Öffnung, Staub- und Fruchtblätter sind nicht gut zu erkennen.

Durch diese Blütenform ahmt die Blüte ein Insektenweibchen nach. Das Insektenmännchen wird angelockt, auch durch einen bestimmten Duft, der von der Blüte ausgeht, und versucht, das vermeintliche Insektenweibchen zu begatten. Dabei nimmt es Blütenstaub auf und trägt diesen zur nächsten Blüte.

b) Bei der Orchidee-Insekt-Beziehung hat nur die Pflanze einen Vorteil, da sie durch den Besuch der Insekten ihre Bestäubung und damit Fortpflanzung sichert. Das Insekt hat keinen Nutzen, da die Orchideenblüte keinen Nektar enthält, der dem Insekt als Nahrung dienen könnte. Daher kann man nicht von einer Symbiose sprechen: Bei einer Symbiose muss die Wechselwirkung zwischen den beteiligten Partnern für beide vorteilhaft sein.

M Über das eigene Lernen nachdenken

–

1.26 Ameisen leben in Staaten

Aufbau eines Ameisenstaates		
Arbeitsteilung und Kommunikation	2	Abb. 1,3
Das Jahr der Kleinen Roten Waldameise	1	Abb. 1,2

1

Januar + Februar: Kälte → Nahezu alle Tiere sind im tiefen Nestbereich.

März: Königinnen und Arbeiterinnen wandern in die Nestkuppel (Bereich über dem Boden), es werden Eier für Geschlechtstiere gelegt, aus denen z. T. schon Larven schlüpfen. Larven werden zur Erhaltung der richtigen Temperatur gesonnt.

April: Es werden noch Eier für Männchen und Weibchen gelegt, außerdem auch Eier für Arbeiterinnen. Es entstehen die ersten Puppen der Geschlechtstiere und Larven für Arbeiterinnen; z. T. noch Besonnung. Die ersten Männchen schlüpfen. Alle Tiere sind in der Nestkuppel zur Brutpflege oder außerhalb des Nestes (Arbeiterinnen im Außendienst).

Mai: Männchen und Weibchen sind geschlüpft, in der 2. Monatshälfte schwärmen sie (Paarung). Puppen der Arbeiterinnen und Arbeiterinnen sind in der Nestkuppel (Brutpflege). Die Königinnen wandern zurück in den tiefen Nestbereich (in der Nestkuppel ist es evtl. zu warm) und legen bis in den Juli Eier für Arbeiterinnen, aus denen Larven entstehen. Die Puppen befinden sich in der Nestkuppel.

Juni bis Oktober: Arbeiterinnen sind bis in den Oktober im „Außendienst" aktiv. Ab August suchen auch Arbeiterinnen wieder tiefe Nestbereiche auf (abnehmende Temperaturen). Puppen gibt es nur noch Anfang September.

November + Dezember: Keine Tiere im Außendienst (keine Nahrung, zu kalt). In der 2. Dezemberhälfte sind keine Tiere mehr in der Nestkuppel (kalte Temperatur).

2

a) Die gesamte Verständigung innerhalb des Ameisenstaates erfolgt über Pheromone und Körpersprache. Da ein Ameisenstaat nur durch Arbeitsteilung funktioniert, ist die Verständigung für das Zusammenwirken unbedingt notwendig. Beispiele: Gemeinsamer Geruch, Verteidigung des Nestes, Nahrungsbeschaffung usw.

b) Larven werden im Staat gefüttert. Die Käfer werden aufgrund der Pheromone von den Ameisen nicht bekämpft, sondern für Larven gehalten und gefüttert.

1.27 Wechselbeziehungen zwischen zwei Arten

Lebensweise und Fortpflanzung des Mäusebussards	1 Abb. 2,7
Lebensweise und Fortpflanzung von Feldmäusen	Abb. 1
Wechselwirkung zwischen Mäusebussard- und Feldmauspopulationen	2 3 Abb. 4,6
Wechselwirkung zwischen Laufkäfer- und Regenwurmpopulationen	4 Abb. 5

1

Die jungen Mäusebussarde sind unterschiedlich groß, die Amseljungen dagegen alle gleich groß. Dies ist darin begründet, dass die Elternvögel bei Mäusebussarden immer zuerst das erstgeschlüpfte Junge füttern bis es satt ist und erst dann das nächste Junge; bei geringem Nahrungsangebot bekommen die später geschlüpften Vögel weniger oder keine Nahrung und wachsen langsamer oder sterben. Bei Amseln schlüpfen alle Junge kurz hintereinander und werden gleichberechtigt gefüttert; sie bleiben daher untereinander ähnlich.

2

Die Größe der Feldmauspopulation hat einen großen Einfluss auf die Mäusebussardpopulation: In Jahren, in denen es nach einer Massenvermehrung sehr viele Feldmäuse gibt (z. B. 2005), stellen diese eine gute Nahrungsgrundlage für die Mäusebussarde dar, es können mehr Eier gelegt werden und viele Jungtiere ernährt werden. In Jahren mit geringer Feldmauspopulation (z. B. 2002) ist auch der Überlebenserfolg für Mäusebussarde und ihre Jungvögel schlechter.

3

Je größer das Nahrungsangebot ist, desto größer ist die Anzahl der Tiere in einer Feldmauspopulation.
Je größer die Anzahl der Tiere in einer Feldmauspopulation ist, desto kleiner wird das Nahrungsangebot.
Je größer die Anzahl an Tieren in einer Feldmauspopulation ist, desto mehr Krankheiten breiten sich aus und desto eher tritt Nahrungsmangel auf.
Je mehr Krankheiten und Nahrungsmangel es gibt, desto geringer wird die Anzahl an Tieren in einer Feldmauspopulation.
Je größer die Anzahl an Tieren in einer Feldmauspopulation ist, desto größer wird die Anzahl der Tiere in einer Mäusebussardpopulation.
Je größer die Anzahl an Tieren in einer Mäusebussardpopulation ist, desto geringer wird die Anzahl an Tieren in einer Feldmauspopulation.

4

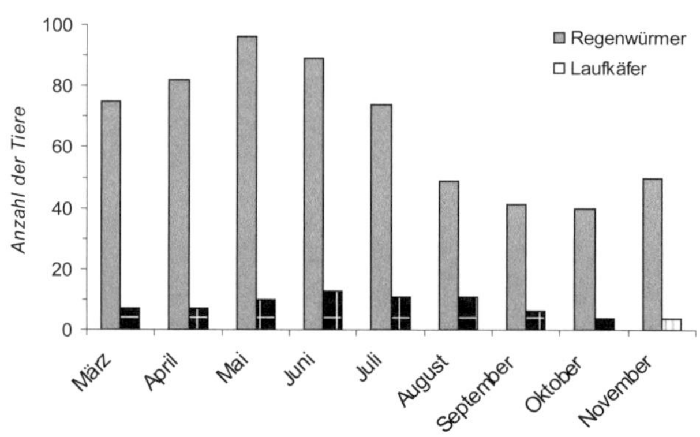

Die Anzahl der Regenwürmer schwankt über den Jahresverlauf: sie nimmt bis zum Mai zu, dann bis in den Herbst hinein stark ab. Die Population der Laufkäfer verändert sich versetzt zur Regenwurmpopulation und ist erst im Juni am größten. Dieser Verlauf zeigt die Abhängigkeiten der beiden Populationen voneinander: Je mehr Regenwürmer es gibt, desto mehr Nahrung gibt es für die Laufkäfer und deren Population nimmt zu. Je mehr Laufkäfer es gibt, desto mehr Regenwürmer wer-

den von diesen gefressen und die Regenwurm-Population nimm ab.
Grundsätzlich gibt es sehr viel mehr Regenwürmer als Laufkäfer und die Schwankungen bei Regenwürmern sind größer. Dies ist darin begründet, dass die Fressfeinde der Regenwürmer (z. B. Laufkäfer) meist größere Tiere sind, die viele Regenwürmer fressen; kleine Veränderungen in der Anzahl an Fressfeinden haben daher eine größere Wirkung auf die Anzahl an Regenwürmern – und umgekehrt.

1.28 Nahrungsbeziehungen im Wald

Nahrungsketten, Produzenten und Konsumenten	2 Abb. 1
Nahrungsketten und Nahrungsnetze (im Mischwald)	1 3 Abb. 1,2
Konkurrenzvermeidung durch verschiedene Aufenthaltsbereiche	4 Abb. 3

1

z.B.
Eicheln → Eichhörnchen → Baummarder
Fichtensamen → Waldmaus → Fuchs
Borke → Borkenkäfer → Buntspecht → Habicht
Eichenblatt → Eichenwicklerraupe → Rote Waldameise → Grünspecht → Habicht

2

Grüne Pflanzen können die Energie des Sonnenlichts nutzen, um selbst Nährstoffe herzustellen, sie sind Produzenten; Tiere brauchen andere Lebewesen (Pflanzen oder andere Tiere) als Nahrung, sie sind Konsumenten.

3

Z. B. Nahrungsbeziehungen im Garten

4

Fuchs und Waldmaus leben dauerhaft am Boden, der Grünspecht sucht am Boden nach Ameisen. Meisen und Buchfink leben vorwiegend im Geäst der Bäume und Sträucher. Die Larven des Eichenwicklers finden sich auf (frischen) Eichenblättern, während die Larven des Borkenkäfer in der Baumrinde leben. Habicht und Sperber gehen im Bereich der Baumkronen auf Jagd, während der Baummarder am Boden und im Geäst nach Beute jagt. Dazu gehören zum Beispiel Eichhörnchen, die sich im Bereich der Baumstämme und im Geäst der Baumkronen aufhalten. – Grünspecht und Buntspecht vermeiden Konkurrenz um Nahrung, weil der Buntspecht im Bereich der Baumstämme, der Grünspecht im Waldboden Nahrung sucht. Die Beutegreifer Fuchs und Baummarder vermeiden Konkurrenz, weil der eine nur am Boden, der andere oftmals auch im Stamm- und Kronenbereich jagt. Weil die Larven des Eichenwicklers Blätter fressen und die Larven des Borkenkäfers Rinde, konkurrieren beide nicht um Nahrung. Eichhörnchen und Waldmaus fressen zum Teil ähnliche Nahrung (u. a. Eicheln, Bucheckern), das Eichhörnchen lebt aber im Kronenbereich der Bäume, die Waldmaus am Boden. (Bei Habicht und Sperber ist ein zusätzlicher Hinweis sinnvoll: Beide sind Überraschungsjäger, die aus der Deckung heraus ihre Jagd betreiben. Kleinsäuger, wie zum Beispiel Kaninchen, sowie Vögel von der Größe einer Taube spielen beim Habicht im Vergleich zum Sperber meistens eine größere Rolle).

1.29 In Nahrungsketten fließt Energie

Energiefluss und Biomassefluss	Abb. 1
Energiegehalt auf verschiedenen Ernährungsstufen	1 Abb. 2
Energienutzung bei Säugetieren und Amphibien	2 Abb. 3
Aspekte einer Biozönose	3 Abb. 4

1

a) Abbildung 2 zeigt eine Energiepyramide. Dargestellt sind vier Ernährungsstufen mit dem jeweiligen Energiegehalt der einzelnen Stufen. Man erkennt, dass von der ersten Ernährungsstufe (Pflanzen) bis hin zur vierten Ernährungsstufe (Tertiärkonsument) der weitergegebene Energiegehalt zehn Prozent der vorherigen Ernährungsstufe ist. Auch in Abbildung 1 ist der Energieverlust deutlich (kenntlich gemacht durch die Wärme-Pfeile). Außerdem ist in Abbildung 1 noch der Anteil der Biomasse pro Ernährungsstufe dargestellt. Auch diese wird in der oben genannten Reihenfolge weniger.

b) Die Sonne liefert die Energie für alle Lebewesen. Die Pflanzen wandeln diese Energie durch die Fotosynthese in chemische Energie um, die andere Konsumenten dann nutzen. Ein Großteil der Energie geht pro Ernährungsstufe in Form von Wärme für das System verloren.
c) Die Nahrungsmenge (Energiegehalt) würde für mehr Stufen nicht reichen.

2

Abbildung 3 zeigt die prozentualen Anteile der Energieumwandlung. Der Salamander gibt 32 Prozent der in der Nahrung enthaltenen Energie als Atmung und 19 Prozent über den Kot ab; 49 Prozent nutzt er zum Aufbau seiner Körpersubstanzen. Im Gegensatz dazu verliert die Maus 81 Prozent über die Atmung und 17 Prozent durch den Kot. Lediglich zwei Prozent können zum Aufbau der Körpersubstanzen genutzt werden. Die Ursache liegt darin, dass die Maus ein gleichwarmes Tier ist und zur Aufrechterhaltung der Körpertemperatur sehr viel Stoffwechselenergie investieren muss. Der Salamander ist ein wechselwarmes Tier, seine Körpertemperatur hängt von der Umgebung ab.

3

Abbildung 4 zeigt, dass die Anzahl der Arten, die Biomasse und die chemisch gebundene Energie von Primärkonsument zu Endverbraucher abnimmt. Die Größe der Tiere und die Reviergröße verhalten sich genau umgekehrt. Ebenfalls weniger wird die Nachkommenzahl bezogen auf ein einzelnes Tier.

1.30 Vielfältiges Leben im Boden

Lebewesen in der Laubstreu	1 Abb. 1
Lebewesen als Zersetzer im Waldboden	2 Abb. 1
Bedeutung der Regenwürmer	3 Abb. 2
Asseln – angepasst an das Leben im Falllaub	4 Abb. 3

1

a)
Wirbeltiere
Spinnen
Asseln
Schnecken, Algen
Springschwänze
Milben
Fliegenlarven
Käfer
Tausendfüßler
Einzeller
Fadenwürmer
Bakterien, Pilze, Regenwürmer
Die Aussage 0,1 g Wirbeltiere zeigt die *durchschnittliche* Masse an Wirbeltieren für Laubstreu in 1 m^2 an; natürlich ist ein Wirbeltier viel schwerer, allerdings finden sich in den meisten Proben überhaupt keine Wirbeltiere (pro m^2 nur 0,001 Tiere, d. h. in 1000 m^2 durchschnittlich ein Tier).
b) Verschiedene Ordnungsmöglichkeiten sind denkbar, z. B.:
- nach Anzahl in Bodenstreu
- nach Wirbeltieren, Insekten / Spinnentieren, „weichen" Tieren (Schnecken / Würmer), Mikroorganismen, Pflanzen, Pilze
- nach Lebewesen mit und ohne Beinen
- nach Größe

2

a) Je nach Wärme und Feuchtigkeit und nach Anzahl der mit der Bodenprobe eingebrachten Mikroorganismen sind mehr oder weniger große Teile der Zellulose nach ungefähr vier bis 8 Wochen zersetzt. An der Zersetzung sind vor allem Mikroorganismen, insbesondere Bakterien und Pilze, beteiligt.
b) Zusätzlich werden Schalen in gleicher Weise vorbereitet, eine wird an einen kühlen Ort (z. B. Kühlschrank), die andere an einen sehr warmen Ort (z. B. Wärmeschrank) gestellt. Über den Versuchszeitraum wird in den drei Versuchsansätzen der Grad der Zersetzung verglichen und so der Einfluss der Temperatur ermittelt.

3

Regenwürmer fressen Erde und bohren sich durch den Boden, es entstehen Gänge. Wasser und Luft dringen in die Gänge ein und Pflanzenwurzeln folgen, außerdem werden Blätter in die Gänge gezogen. Die gefressene Erde wird wieder ausgeschieden.
Regenwürmer bewirken so eine Durchmischung, Zersetzung, Auflockerung und Belüftung des Bodens. Abgestorbene Pflanzenreste werden in den Boden gebracht, wo sie zersetzt werden und lebende Pflanzen können durch die Auflockerung gut wurzeln.

4

b) An einer Stelle des Assel-Aquariums eine Lampe aufstellen, an einer anderen genug dunkle Versteckmöglichkeiten schaffen. Beobachten, wo sich die Asseln lieber aufhalten.
c) Asseln haben einen flachen Körper, mit dem sie sich geschickt durch das Falllaub bewegen können. Sie ernähren sich unter anderem von abgefallenem Laub. (Durch Versuchsbeobachtungen, besonders das Verhalten betreffend, ergänzen.)

1.31 Pilze sind wichtig für den Wald

Bau und Entwicklung eines Pilzes	**2** Abb. 1,2
Ernährungsweisen von Pilzen	**1** Abb. 1,3
Pilze leben im Verborgenen	**3**

1

a) *Saprobiont (Fäulnisbewohner):* Pilze, die zu ihrem Nährstoffgewinn tote Tier- und Pflanzenteile zersetzten, um deren Nährstoffe zu nutzen
Symbiose: Lebensgemeinschaft, von der beide Partner einen Nutzen haben
Destruent (Zersetzer): Organismus, der in der Lage ist, organische Bestandteile, z. B. des Holzes und des Laubes, zu zersetzen
Parasit: Organismus, der auf Kosten eines anderen Organismus aus ihm Nutzen zieht

b) Birkenporling → Parasit → sitzt an der Rinde und entzieht Nährstoffe
Fliegenpilz → Symbiont → Mykorrhiza
Hallimasch → Saprobiont → zersetzt vor allem abgestorbene Biomasse
Schmetterlings-Trampete → Saprobiont → abgestorbene Biomasse
Geweihförmige Holzkeule → Saprobiont → abgestorbener Baumstumpf
Stockschwämmchen → Saprobiont → abgestorbener Baumstumpf
Zunderschwamm → Parasit → sitzt an der Rinde und entzieht Nährstoffe
Nebelgraue Trichterlinge → Saprobiont → abgestorbene Biomasse
c) Die Pilze sind eher nützlich, da sie krankes und abgestorbenes Material abbauen. Sie mineralisieren diese Biomasse und bringen Mineralsalze wieder in den Kreislauf ein.
d) Pilze sind wichtig für den Wald, da sie totes Material abbauen und Mineralsalze dem Boden wieder zuführen. Ohne Pilze könnte z. B. das Falllaub nicht so schnell abgebaut werden. Es würde sich anhäufen und den Boden bedecken. Die Mineralsalzversorgung der Bäume wäre nicht ausreichend.
e) Das Wachstum des Pilzes beginnt in der Mitte des Hexenringes und setzt sich nach außen fort. Wenn die Nährstoffe verbraucht sind, stirbt das Mycel an diesen Stellen ab. Das ist in der Mitte des Ringes der Fall; das Mycel breitet sich nur noch nach außen hin weiter aus.

2

Erkennbar wird ein Muster aus Sporen. Von den Lamellen sind Sporen herabgefallen.

3

Der Pilz kann lange Zeit unbemerkt bleiben und ein ausgedehntes Mycel im Untergrund bilden, bevor er sichtbare Fruchtkörper aus Hut und Stiel bildet.

1.32 Stoffkreisläufe

Die Stoffe durchlaufen in einem Ökosystem einen Kreislauf	**1**	Abb. 1
Produktivität von Ökosystemen im Vergleich	**2**	Abb. 2
Entwicklungsstadien eines Waldes nach einem Kahlschlag	**3**	Abb. 4

1

a) Pflanzen nehmen Mineralien und Kohlenstoffdioxid auf. Sie produzieren Biomasse und bilden die Nahrung für Konsumenten 1. Ordnung. Diese können wiederum von Konsumenten zweiter Ordnung gefressen werden. Überreste von Produzenten und Konsumenten werden durch Pilze und Bakterien wieder zu Mineralien und Kohlenstoffdioxid umgewandelt, die erneut von Pflanzen aufgenommen werden können. Der Stoffkreislauf ist geschlossen.
b) Der Energiefluss ist zu ergänzen: Einspeisung durch die Sonne an die Produzenten, Wärmeverluste auf jeder Ernährungsebene, bei Produzenten und Konsumenten, aber auch bei der Mineralisierung (unterer Kasten).
c) Energie wird von einer Quelle (der Sonne) gespeist und fließt nur in eine Richtung, von den Produzenten zu den Konsumenten und letztlich zu den Mineralisierern. Die Sonnenenergie fließt letztlich in Form von Wärme ab.
Die Stoffe folgen einem durch die Sonnenenergie betriebenen Kreislauf aus Aufbau von Biomasse, Zerlegung in Kohlenstoffdioxid und Mineralien und einem erneuten Aufbau von Biomasse.
d) Durch Holzeinschlag wird Biomasse aus dem Wald entfernt. Dadurch werden u. a. auch Mineralsalze aus dem Wald entfernt. Bei älteren Wäldern wäre ohne Eingreifen des Menschen die Biomasse konstant.
Das Entfernen der Biomasse aus dem Wald darf nur in einem Umfang erfolgen, die der Wald durch Neuproduktion von Biomasse ausgleichen kann. Da mit dem Holz auch Mineralien aus dem Wald entfernt werden, müssen diese dem Wald gegebenenfalls als Dünger zugeführt werden.

2

a)
- Sonneneinstrahlung ermöglicht Produzenten den Aufbau von Biomasse.
- Höhere Temperaturen können den Abbau von toten Organismen und den Aufbau von Biomasse beschleunigen.
- Verfügbarkeit von Mineralsalzen im Boden ermöglicht Aufbau von Biomasse.
- Wasser ist für Lebens- und Wachstumsprozesse notwendig.
- Der Boden muss den Produzenten eine Verankerung ermöglichen, um dichtes Pflanzenwachstum zu ermöglichen.

b) Der Tropische Regenwald produziert am meisten Biomasse mit 2200 g/m^3 im Jahr. Etwa halb so produktiv sind Nadel- und Laubwald. Es folgen Savanne und Weizenfeld, die wiederum halb so produktiv sind wie diese Wälder. Eine geringe Produktivität besitzen Halbwüsten und in Wüsten findet kaum ein Biomassezuwachs statt.
Mögliche Gründe: Im tropischen Regenwald gibt es viele Niederschläge, hohe Lichtintensität und ganzjährig hohe Temperaturen. Durch sehr dichten Bewuchs und Stockwerkaufbau kann das einfallende Licht sehr effektiv genutzt werden.
Laub- und Nadelwälder kommen in Gebieten vor, in denen die Vegetationsperiode nur ein halbes Jahr andauert. Die Temperaturen sind geringer als im tropischen Regenwald. Trotz des dichten Baumbewuchses erreichen Wälder wegen der verkürzten Vegetationsperiode nicht die Produktivität des tropischen Regenwaldes.
In der Savanne sind die Temperaturen und die Niederschläge niedriger als im Regenwald. Der Bewuchs aus Gräsern und vereinzelten Bäumen kann das Sonnenlicht nicht effektiv nutzen. Beim Weizenfeld liegt ebenfalls eine verkürzte Vegetationsperiode vor. Der einheitliche Grasbewuchs kann das Licht nicht so effektiv nutzen wie ein Wald.
Die Biomasseproduktion von Halbwüsten und Wüsten wird vor allem durch Wassermangel begrenzt.

c) In den ersten zehn Jahren nach einem Kahlschlag wachsen vor allem niedrigere Kräuter und Gräser. Der Biomassezuwachs ist gering. Nach 10 Jahren erscheinen einige Meter hohe Sträucher und die Biomasse nimmt v. a. gegen Ende dieser Phase stark zu. Nach 20 Jahren wachsen Bäume. Die Biomasse nimmt während der folgenden 80 Jahre stetig zu. Nach 100 Jahren ist der Schlusswald mit ausgewachsenen Bäumen erreicht. Dessen Biomasse bleibt weitgehend konstant, da in dieser Phase nur absterbende Pflanzen durch neue ersetzt werden.

3

Ein Vergleich ist z. B. in Form einer Tabelle möglich:

Biomasse	**Erdöl**
Biomasse ist erneuerbar.	Als fossiler Rohstoff ist Erdöl nicht erneuerbar.
Die Verbrennung von Biomasse ist CO_2-neutral.	Die Verbrennung von Erdöl führt zu einer Anreicherung von CO_2 in der Atmosphäre, da das freigesetzte CO_2 bereits vor Millionen von Jahren von Pflanzen gebunden wurde.

1.33 Der Organismus als System und Systemzusammenhänge

–

2 Treibhauseffekt – die Biosphäre verändert sich

2.1 Der Kohlenstoff-Kreislauf

Der globale Kohlenstoffkreislauf (Überblick)	1	Abb. 1
Die quantitativ wichtigsten Kohlenstoffflüsse	2	Abb. 3 (1)
Kohlenstoffdioxid und Treibhauseffekt	3	Abb. 4 (3,1)
(Nachhaltige) Kohlenstoffdioxid-Bilanz einer Familie	4	Abb. 2

1

Kohlenstoff ist ein Element, das in allen Lebewesen enthalten ist. Grüne Pflanzen nehmen Kohlenstoffdioxid bei der Fotosynthese (6) auf und bilden mithilfe der Lichtenergie Glucose, andere Kohlenhydrate, Fette und Proteine. Weil grüne Pflanzen organische Stoffe selbst herstellen können, nennt man sie auch Produzenten.
Wenn Pflanzen gefressen werden, gelangt kohlenstoffhaltige Substanz in den Körper von Pflanzenfressern (3) und im weiteren Verlauf der Nahrungskette auch in den Körper von Fleischfressern (4). Tiere und Menschen nehmen mit der Nahrung die kohlenstoffhaltige organische Substanz auf. Sie sind die Konsumenten unter den Lebewesen. Bei der Atmung von Menschen und Tieren (5) und von Pflanzen (5) wird Kohlenstoffdioxid freigesetzt. Abgestorbene Tiere (7) und Pflanzen (7) bilden Ablagerungen.
Die organische Substanz in Ablagerungen, zum Beispiel von abgefallenen Blättern, wird von Mikroorganismen zersetzt (9). Zu den Zersetzern gehören unter anderem Bakterien. Die Zersetzer geben bei ihrer Tätigkeit Kohlenstoffdioxid frei (2).
Aus Ablagerungen, zum Beispiel von Wäldern, sind im Laufe von vielen Millionen Jahren fossile Brennstoffe wie Kohle, Erdöl, Erdgas entstanden (8). Bei ihrer Verbrennung wird Kohlenstoffdioxid freigesetzt (1). Dieses durch menschliche Tätigkeit freigesetzte Kohlenstoffdioxid trägt zur langsamen Erwärmung der Erde bei.

2

Vorgang	**CO_2-Umsatz in Gigatonnen**	**Richtung des CO_2-Flusses**
Waldzerstörung	1,6	Abgabe in die Luft
Verbrauch von fossilen Brennstoffen	5,5	Abgabe in die Luft
Atmung	50 – 60	Abgabe in die Luft
Zersetzung im Boden	50 – 60	Abgabe in die Luft
Luft-Meer-Austausch	90 – 98	Abgabe in die Luft
Luft-Meer-Austausch	90 – 100	Aufnahme aus der Luft
Fotosynthese	100 – 120	Aufnahme aus der Luft

3

a) Die grünen Pflanzen (Produzenten) nehmen Wasser, Mineralien und Kohlenstoffdioxid auf. Mithilfe der Lichtenergie produzieren Pflanzen im Prozess der Fotosynthese aus den energiearmen Stoffen Wasser und Kohlenstoffdioxid energiereiche Biomasse. Tiere, die Konsumenten im Ökosystem, ernähren sich von anderen Lebewesen. Die Pflanzenfresser unter den Konsumenten ernähren sich von pflanzlicher Biomasse. Tote Tiere und abgestorbene Pflanzenteile werden von den Zersetzern im Ökosystem, den Destruenten, abgebaut. Beim vollständigen Abbau von Biomasse entstehen Kohlenstoffdioxid und Mineralsalze, die den Pflanzen wiederum zur Verfügung stehen. Dadurch schließt sich der Stoffkreislauf.

b) Instandhaltung: Produkte warten, pflegen und ggf. reparieren, so dass sie möglichst lange verwendet werden können.

Aufarbeitung: Produkte zerlegen, brauchbare Teile instand setzen, damit sie wieder für den Aufbau neuer Produkte verwendet werden können.

Chemische Verwertung: Produkte chemisch zerlegen, um Rohstoffe daraus zu gewinnen.

Thermische Verwertung: Energiegewinnung durch Verbrennung der Abfallprodukte.

c) Im biologischen Stoffkreislauf bleiben im Verlauf der Zeit keine Rückstände bzw. kein Müll zurück. Der biologische Stoffkreislauf in einem intakten Ökosystem ist geschlossen. Die thermische Verwertung mit ihren Verbrennungsprozessen hat ebenso wie die (dauerhafte) Deponie und die Aufarbeitung kein (passendes) Äquivalent in der Natur. Insgesamt ist es Ziel der Kreislaufwirtschaft, in Anlehnung an biologische Stoffkreisläufe möglichst umfassend Stoffe wieder zu verwerten. Das schont Ressourcen und ist daher ein Beitrag zur Nachhaltigkeit.

4

- Beim Heizen kann darauf geachtet werden, dass nicht unnötig viel Energie verbraucht wird, z. B. beim gleichzeitigen Heizen und Lüften.
- Das Autofahren kann reduziert werden, kurze Strecken können vermehrt zu Fuß oder mit dem Fahrrad zurückgelegt werden, lange Strecken mit dem Zug.
- Strom kann gespart werden, z. B. durch Energiesparlampen und durch Verzicht auf den „Stand-by-Modus“ in elektronischen Geräten.
- Warmwasser kann gespart werden, z. B. durch Verzicht auf häufige Bäder und durch wassersparendes Spülen.
- Die Kohlenstoffemission durch Atmung (Umsatz von Nahrung) kann nicht vermindert werden.

2.2 Zusätzlicher Treibhauseffekt und Klimawandel

Modellversuch zum Treibhauseffekt	4 Abb. 6
Ursachen und Folgen des Treibhauseffektes	1 Abb. 1,2
Kohlenstoffdioxidkonzentrationen	2 Abb. 3,4
Gletscher auf dem Rückzug	3 Abb. 5

1

a) Der zusätzliche Treibhauseffekt ist der Anteil des Treibhauseffekts, der zusätzlich zum natürlichen Treibhauseffekt zur Erderwärmung beiträgt. Er ist auf die Aktivität des Menschen zurückzuführen.

b) Ursachen für den zusätzlichen Treibhauseffekt sind Veränderungen in der Zusammensetzung der Atmosphäre, so dass immer mehr Wärmestrahlung zurückgehalten wird. Besonders wirksam sind in dieser Hinsicht die Treibhausgase CO_2, CH_4, N_2O und FCKW. Verbrennungsprozesse setzten CO_2 aus fossilen Energieträgern frei (Energiegewinnung, Heizung, Verkehr). Intensive Viehwirtschaft, einige Anbaumethoden und auch die Freisetzung von Methan bei der Gewinnung von fossilen Energieträgern führen zur Anreicherung von Methan in der Atmosphäre (Rinderhaltung, Reisanbau, Erdöl- und Erdgasförderung, Kohlebergbau). Lachgas (Distickstoffoxid) aus Verbrennungsprozessen und Landwirtschaftlicher Stickstoffdüngung kommt hinzu, ebenso wie FCKW (aus Sprühdosen, Schaum- und Dämmstoffen, Kühlgeräten, Lösungs- und Reinigungsmitteln).

c) Folgen der Erderwärmung:

- Eis an den Polen und auf Gletschern schmilzt schneller als neues gebildet wird → Anstieg des Meeresspiegels → Überschwemmung von Küstenregionen
- Erhöhte Verdunstungsrate → mehr Wolken → zusätzliche Rückhaltung der Wärme
- Wetterveränderungen → mehr extreme Wetterlagen
- mehr Stürme und Unwetter → Bodenabtrag durch Starkregen
- Ausbreitung von Dürregebieten

2

a) In Abbildung 3 zeigt das große Diagramm die mittlere CO_2-Konzentration in der Atmosphäre über einen Zeitraum von 1000 Jahren. Das kleine Diagramm zeigt einen detaillierten Ausschnitt aus Monatsmittelwerten für die Jahre 2004 bis 2008, gemessen auf einem Berg auf Hawaii. Abbildung 4 zeigt die mittleren Temperaturen auf der Erde über einen Zeitraum von 140 Jahren.

b)

Jahr	CO_2 (ppm)	Temperatur °C
1900	305	13,8
1950	330	14,0
2000	380	14,4

c) Die CO_2-Konzentration hat sich über viele Jahrhunderte auf etwa gleichem Niveau gehalten. Erst ab 1850 begann ein deutlicher Anstieg der CO_2-Konzentration in der Atmosphäre, der seit 1950 immer steiler verläuft. Ein Zusammenhang mit der Industrialisierung liegt auf der Hand. Parallel dazu stieg in dem dargestellten Zeitraum ab 1860 auch die mittlere Temperatur, wenn auch mit großen Schwankungen. Ein Zusammenhang (mehr CO_2 → höhere mittlere Temperaturen) ist möglich, aber mit diesen Daten allein nicht sicher zu belegen. Interessant ist das kleine Diagramm in Abbildung 3: Es zeigt, dass die CO_2-Konzentration sich mit dem Jahresgang verändert – im Spätherbst ist sie am niedrigsten und im späten Frühjahr am höchsten.

Grund für die Zackenform ist nach wissenschaftlichen Erkenntnissen die verringerte CO_2-Aufnahme durch die Vegetation auf der Nordhalbkugel im Winter. ZITAT: „Die Ursache ... liegt in der weltweiten Waldverteilung mit dem Schwerpunkt auf der Nordhalbkugel. Zur Vegetationsperiode auf der Nordhalbkugel befindet sich die Erde in einem Begrünungsmaximum und demzufolge in der Optimalphase der Photosynthese mit maximaler CO_2-Bindung. Der CO_2-Gehalt der Atmosphäre insgesamt sinkt. Während der Sommerphase auf der Südhalbkugel bewegt sich Erde in einem Begrünungsminimum mit maximaler CO_2-Freisetzung durch reduzierte Photosynthese und verstärkte Respiration der Wälder auf der Nordhalbkugel. Demzufolge steigt die Konzentration des CO_2 in der Atmosphäre an. Der jahreszeitliche CO_2-Unterschied liegt bei 6 ppm.“

3

a) Die beiden Bilder zeigen einen Gletscher in den Alpen im Abstand von 72 Jahren. Der Gletscher ist in diesem Zeitraum erheblich geschrumpft. Er ist nun viel flacher und endet viel weiter oben im Tal als 1929. Auch die Eisfelder auf den Bergspitzen sind kleiner geworden, so dass mehr Felsfläche frei liegt. Die freigelegte Fläche im Tal besteht aus Geröll, das unter dem früheren Gletscher entstanden ist. Sie ist nicht sichtbar bewachsen. Im unteren Bereich fehlen heute auch die Schneefelder. All dies kommt durch höhere Durchschnittstemperaturen zustande.

4

Erwartetes Ergebnis: Im Döschen unter dem Becherglas steigt die Temperatur schneller und höher. Das Becherglas hält die vom schwarzen Döschen wieder abgestrahlte Wärme zum Teil zurück. Im Modell übernimmt das Becherglas die Funktion der Erdatmosphäre, das Filmdöschen steht für die Erdoberfläche.

2.3 Energie in der Zukunft

Überblick über erneuerbare Energien	Abb. 1–4
Energiemix heute und zukünftig	1 Abb. 4,5
Genutzte und nutzbare Energie	2 Abb. 6

1

a) Der weltweite Energiemix besteht heute vorwiegend aus den fossilen Energien Öl (200 EJ), Gas (100 EJ) und Kohle (80 EJ). Ergänzt werden sie durch Biomasse (40 EJ), Kernenergie (10 EJ) und Wasserkraft (10 EJ). Windkraft, Solarenergie und andere erneuerbare Energien spielen noch keine große Rolle.

b) Für das Jahr 2050 ist bei einem mehr als doppelt so hohen Energieverbrauch ein Energiemix zu erwarten, der noch knapp zur Hälfte aus fossilen Energien besteht: Den größten Teil macht Erdgas aus (300 EJ), gefolgt von Solarstrom (280 EJ) und Öl (180 EJ). Weitere nennenswerte Anteile liefern Windkraft, Biomasse und Kohle.
Im Jahr 2100 wird der Energiemix durch erneuerbare Energien bestimmt sein. Die Prognose zeigt, dass mehr als die Hälfte der Energie Solarstrom sein wird. Kohle und Kernenergie wird es nicht mehr geben, Öl und Gas werden deutlich weniger.

c) Gesamteinsatz: 1560 EJ; Solarstrom: 980 EJ
(980/1560) · 100 => 62,8
Im Jahr 2100 wird laut der Prognose der Anteil des Solarstroms am Energiemix etwa 62,8% betragen.

d)

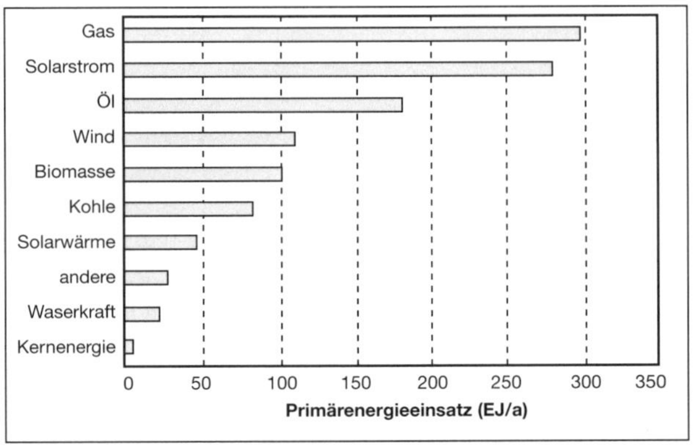

2

a) Von geschätzt maximal nutzbaren 1434 Terawattstunden aus erneuerbaren Energien in Deutschland wurden im Jahr 2005 nur 163,9 Terawattstunden genutzt.

b)

	Nutzung 2005	max. nutzbar	Prozent
Wasserkraft	21,5	24	89,6
Windenergie	26,5	165	16,1
Biomasse	110,3	320	34,5
Photovoltaik	1,0	105	1,0
Erdwärme	1,6	530	0,3
Sonnenwärme	3,0	290	1,0

c) Photovoltaik hat glänzende Zukunftsaussichten, bei Wasserkraft bestehen dagegen kaum noch Entwicklungsmöglichkeiten. Forschungsgelder sind deshalb bei der Photovoltaik sinnvoller investiert. Je schneller die Technik hier entwickelt wird, umso eher kann das riesige Energiepotenzial richtig genutzt werden.

2.4 Nachhaltig handeln

Bedürfnisse und Ansprüche des Menschen an die Umwelt	Beispiel: Planung einer nachhaltigen Klassenfahrt
Die drei Säulen der Nachhaltigkeit	

M Mathematische Verfahren verdeutlichen ökologische Zusammenhänge

1

Die Aussage „...als hätten wir vier Erden“ ist eine Anspielung auf den enormen Verbrauch an Ressourcen (Naturmasse, Platz, Energie), der durch unsere Lebensweise entsteht. Unser „ökologischer Fußabdruck“ nimmt aufgrund unseres hohen Energie- und Materialbedarfs eine unverhältnismäßig große Fläche ein, wir verhalten uns also so, als seien Platz und Ressourcen unserer Lebensgrundlage, der Erde, unbegrenzt, oder „vierfach“ vorhanden.

2

a)

tierische Nahrung:	2,36 ha
Bau von Wohnungen:	0,81 ha
Privater Transport:	0,60 ha
Betrieb der Wohnungen:	0,50 ha
pflanzliche Nahrung:	0,37 ha
Möbel, Holzprodukte:	0,32 ha
Dienstleistungen allg.:	0,31 ha
Kleidung:	0,25 ha
Papier:	0,23 ha
Verpackung:	0,14 ha

b) In Indien wird sehr viel weniger Fleisch gegessen. Der beim Kanadier große Anteil des ökologischen Fußabdruckes durch tierische Nahrung ist beim Inder daher gering. Pflanzliche Nahrung bringt einen sehr viel kleineren ökologischen Fußabdruck mit sich. Die Wohnungen und Häuser sind in Indien meist sehr viel einfacher, kleiner und weniger materialaufwendig und auch ihr Betrieb (Heizung etc.) benötigt aufgrund der wärmeren Temperaturen weniger Energie. Auch der Gebrauch von Möbeln und Holzprodukten, Kleidung, Papier und Verpackungen ist in Indien aufgrund weit verbreiteter Armut im Durchschnitt sehr viel geringer als in Kanada. Dies alles bewirkt, dass der ökologische Fußabdruck eines Inders im Durchschnitt so viel kleiner ist als der eines Kanadiers.

3

Holzstuhl: insgesamt: 5 kg Masse multipliziert mit 5,5 (Abb. 4) ergibt 27,5 kg, d.h. 1,375 kg/Jahr bei einer „Lebensdauer“ von 20 Jahren.
Stahlstuhl insgesamt: 7 kg Masse multipliziert mit 8,1 (Abb. 4) ergibt 56,7 kg, d.h. 2,835 kg/Jahr bei einer „Lebensdauer“ von 20 Jahren.
Aluminiumstuhl: insgesamt: 4 kg Masse multipliziert mit 19,0 (Abb. 4) ergibt 76 kg, d.h. 7,6 kg/Jahr bei einer Lebensdauer von 10 Jahren.
Plastikstuhl insgesamt: 5 kg Masse multipliziert mit 2,5 ergibt 27,5 kg, d.h. 1,375 kg/Jahr bei einer Lebensdauer von 20 Jahren.
Die Lebensdauer der vier Stühle muss in die Bewertung einbezogen werden, wenn davon ausgegangen wird, dass ein defekter, unbrauchbarer Stuhl durch einen neuen ersetzt wird.
Die Betrachtung des ökologischen Rucksacks der Stühle unter Berücksichtigung ihrer Lebensdauer zeigt, dass Holz- und Plastikstuhl den geringsten Bedarf an Naturmasse mit sich bringen. Für Herstellung, Transport etc. des Stahlstuhls braucht man gut doppelt so viel Naturmasse und für den Aluminiumstuhl mehr als fünf mal so viel wie für einen Holz- oder Plastikstuhl.

2.5 Ökobilanzen von Lebensmitteln

Umweltauswirkungen der Lebensmittelproduktion	Abb. 1,2
Der ökologische Rucksack	2 Abb. 2–4
Lebensmittelproduktion und Klima – CO2-Äquivalent	1 Abb. 2
Lebensmittel, Umwelt und Verbraucherverhalten	3 4 Abb. 5
Reflexion zum Thema „Nachhaltigkeit"	5

1

a) Die Klimabelastung lässt sich anhand der CO_2-Äquivalente abschätzen. Für alle in Abb. 2 dargestellten Beispiele ist die CO_2-Freisetzung bei konventioneller Produktion von Lebensmitteln höher. Insofern ist davon auszugehen dass bei konventionellen Produktionsweisen die Umweltbelastung stärker ist.
b) Bei der Fleischproduktion ist die Umweltbelastung um ein Vielfaches höher als bei der Pflanzenproduktion.
c) Beispiel Gemüse: Die stärksten Umweltbelastungen gehen von Konserven aus, Tiefkühlgemüse ist etwas günstiger. Die geringsten Umweltbelastungen verursacht Frischgemüse. Beispiel Fleisch: Im Vergleich zu Frischfleisch sind die Umweltbelastungen bei Tiefkühlfleisch höher.

2

Der Umweltverbrauch (ökologischer Rucksack) ist bei der Rindfleischproduktion höher als bei Obst und Gemüse. Der Wasserverbrauch ist bei der Rindfleischproduktion sehr hoch, bei der Geflügelfleisch- und Eierproduktion geringer, aber deutlich höher als bei der Brotproduktion. Diese Analysen zeigen, dass die Umweltbelastungen bei der Fleischproduktion deutlich höher sind als bei der Pflanzenproduktion. Dies wird auch durch die Klimabilanz in Abbildung 2 bestätigt, die zeigt, dass die CO_2-Äquivalente tierischer Produkte (z. B. Rindfleisch, Butter) viel höher sind als die von Gemüse und Getreideprodukten.

3

a)
- höhere Anteile pflanzlicher Kost essen
- wenig Rindfleisch essen
- Nahrungsmittel aus ökologischer Anbauweise essen
- Nahrungsmittel aus regionalem Anbau kaufen
- Lange Wege bei der Beschaffung der Lebensmittel vermeiden, Besorgungen möglichst nicht mit dem Auto machen

b) Nahezu alle Aspekte bieten Gelegenheit zu kontroversen Diskussionen. Z. B. könnte auch diskutiert werden, ob es umweltverträglicher wäre, Lebensmittel in Supermärkten zu kaufen, oder ob es günstiger wäre, ökologisch produzierte Produkte bei kleineren Läden einzukaufen. Dabei könnten auch die Entfernungen und die Art und Weise eine Rolle spielen, wie sie zurückgelegt werden

4

Möglichkeiten zur Minderung der Treibhausgase:
Konsum: Konsumgüter überdenken und Konsum reduzieren, gebrauchte Artikel kaufen
Ernährung: weniger Fleisch und tierische Produkte essen
Flug: wenn möglich, auf Flüge verzichten und andere Transportmittel nutzen
Pkw: wenn möglich, auf das Auto verzichten und mehr Fahrrad fahren oder öffentliche Verkehrsmittel nutzen
Heizen: Energiesparend heizen und lüften, nicht nachts und in nicht genutzten Räumen heizen, Passivhaus, CO_2-Bilanz verschiedener Heizarten (Gas, Öl, Elektro) vergleichen
Strom: Strom sparen (z. B. durch Abschalten der Stand-by-Funktion an elektrischen Geräten), Stromversorger mit hohem Anteil regenerativer Energiequellen („Ökostrom") wählen, Solarzellen

5

–

2.6 Bevölkerungsentwicklung und Nachhaltigkeit

Verschiedene Prognosen der globalen Entwicklung der Bevölkerung	1	Abb. 1 (3)
Wenn die Welt ein Dorf wäre...	2	Abb. 2
Bevölkerungswachstum und Wachstumskurven	6	Abb. 3,1
Bevölkerungsentwicklung und das Bemühen um Nachhaltigkeit		

1

Bis ca. in das 15. Jahrhundert war die Bevölkerungszahl auf der Erde mit unter 0,5 Mrd. Menschen gering und nahm nur sehr langsam zu. Dann kam es zu einem zunehmend stärker werdenden Anstieg der Bevölkerung auf heute 6 Mrd. Menschen. Allein im letzten Jahrhundert hat sich die Weltbevölkerung nahezu vervierfacht (Text).

Die Verbesserung der medizinischen Versorgung und der Hygiene, die Intensivierung der Landwirtschaft und ihre Ausweitung durch Bewässerungsanlagen sowie die Nutzung fossiler Energieträger – zum Beispiel für Verkehr und Transport – sind Aspekte, die das enorme Bevölkerungswachstum gefördert haben.

2

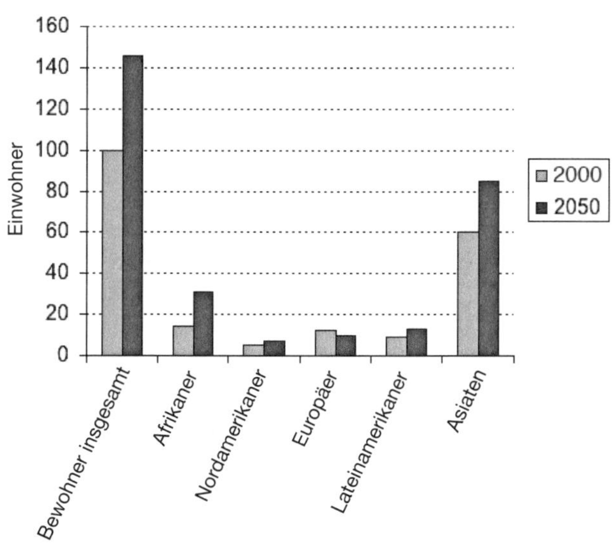

Den Angaben liegt wahrscheinlich die Prognose „mittlere Variante" (Abb. 1) zugrunde. In den Industrieländern wird ein weiterer Geburtenrückgang angenommen, sodass es der Prognose nach 2050 weniger Nordamerikaner und Europäer geben wird als heute. In Afrika und Asien dagegen wird ein weiterhin hoher Zuwachs der Bevölkerung angenommen, sodass deren Anteil an der Weltbevölkerung stark zunimmt.

3

Beispiele für Wachstumsvorgange:
- körperliches Wachstum bei Kindern und Jugendlichen (Definition b für Wachstum trifft zu)
- Anstieg der Durchschnittstemperaturen auf der Erde (Definition a für Wachstum trifft zu)
- Zunahme der Anzahl an Häusern in einer Stadt (Definition a für Wachstum trifft zu)
- Wachstum der Fläche, die eine Stadt einnimmt (Definition b für Wachstum trifft zu)
- Anstieg der Geldmenge, wenn Geld verzinst angelegt wird (Definition a für Wachstum trifft zu)

4

lineares Wachstum: Die Anzahl n nimmt mit jedem Zeitabschnitt um einen konstanten Betrag zu; die Wachstumskurve gleicht einer Geraden mit einer bestimmten Steigung.
quadratisches Wachstum: Die Anzahl n quadriert sich pro Zeitabschnitt, die Wachstumskurve wird dadurch zunehmend steiler.
exponentielles Wachstum: Die Anzahl n ändert sich pro Zeit um einen bestimmten Prozentsatz, sie nimmt zunächst langsam zu, dann zunehmend schneller. Die Wachstumskurve ist zunächst flach und steigt dann zunehmend steiler an.
logistisches Wachstum: Die Anzahl n nimmt zunächst pro Zeit immer mehr zu (ähnlich dem exponentiellen Wachstum), dann verlangsamt sich das Wachstum bei Annäherung an einen Grenzwert, und im weiteren Zeitverlauf bleibt die Anzahl über die Zeit konstant.

5

Wachstum von Äpfeln: Die Wachstumskurven erscheinen mehr oder weniger gleichmäßig einer Gerade folgend, es ist also lineares Wachstum anzunehmen. Allerdings bricht die Grafik am Tag 100 nach dem 31.5. ab, der weitere Verlauf ist nicht zu sehen. Dieser würde zeigen, dass der Durchmesser des Apfels nicht unbegrenzt zunimmt, sondern irgendwann seine Endgröße erreicht ist.

Vermehrung von Hefezellen in einem Kulturgefäß: Die Wachstumskurve ähnelt im Typ dem logistischen Wachstum: Zunächst ist die Zahl der Hefezellen gering und steigt nur langsam, dann kommt es zu einem starken Anstieg, der dann in eine Sättigung übergeht. Dieses Wachstumsverhalten ist dadurch bedingt, dass in einem Kulturgefäß nicht unbegrenzt Nahrung, Platz etc. für Hefezellen verfügbar ist. In den ersten Stunden stellt dies keine Begrenzung dar und die Zellen vermehren sich durch Teilung. Nach ca. 8 Stunden beginnen sie aber, miteinander um Nahrung und Platz in Konkurrenz zu treten, und das Wachstum wird dadurch begrenzt und zunehmend schwächer. Die vorrausichtliche maximale Zahl an Hefezellen im Kulturgefäß liegt bei ca. 630 Hefezellen.

6

Die Bevölkerungsentwicklung bis 2000 zeigt typisch exponentielles Wachstum. Die Prognosen für die Zeit zwischen 2000 und 2050 haben unterschiedliche Annahmen: Bleibt die Geburtenrate auf dem Niveau von heute, nimmt die Bevölkerung weiter in exponentieller Weise zu. Wenn die Geburtenrate mehr oder weniger zurückgeht, so wird die Bevölkerungszahl zwar weiter ansteigen, aber nicht mehr in exponentieller Weise, sondern zunehmend weniger (Abflachung der Wachstumskurve).

M Basiskonzepte zum Thema „Energiefluss und Stoffkreisläufe“

3 Den Fossilien auf der Spur

3.1 Zeugen der Vergangenheit

Es gibt unterschiedliche Fossilien	Abb. 1,2

Vom lebenden Tier zum Fossil	2 3 Abb. 3

Mithilfe von Fossilien erhält man ein Bild vom Leben in der Vergangenheit	1 4 Abb. 1,2

1

a) Frosch: Abb. 2b; Begründung: Die äußere Gestalt des Fossils entspricht derjenigen des heutigen Frosches; man erkennt die verlängerten Hinterbeine (Sprungbeine), die kurzen Vorderbeine und den breiten, flachen Kopf mit den Augen auf der Oberseite.
Schildkröte: Abb. 2a; Begründung: Der erhalten gebliebene Panzer entspricht dem Panzer einer heutigen Schildkröte, ebenso die sichtbaren Reste des Beinskeletts.
Urpferdchen: Abb. 1; Begründung: Der Schädel des Fossils und das Gebiss sind pferdeähnlich; das Tier hat vier Laufbeine. Im Gegensatz zum heutigen Pferd besitzt das Tier eine Schwanzwirbelsäule.
Affenartiges Säugetier: Abb. 2c; Begründung: Das Fossil hat eine lange Schwanzwirbelsäule, d. h. das Tier hatte einen langen Schwanz. Das Gebiss zeigt kräftige Schneidezähne, mit denen das Tier die Borke der Bäume aufgerissen haben könnte. Das Handskelett hat verlängerte Fingerknochen; mit den langen Fingern suchte das Tier nach Larven unter der Borke.
b) Aussagen über die Nahrung fossiler Tiere lassen sich durch Rückschlüsse aus dem versteinerten Skelett (z. B. Gebiss, Handskelett) treffen oder durch eine genaue Untersuchung des versteinerten Mageninhaltes. Aussagen über das Verhalten fossiler Tiere werden durch Rückschlüsse aus dem Körperbau (z. B. Sprungbeine, Laufbeine) und durch Kenntnis der Nahrung ermöglicht.

2

Modellversuch	Entstehung von Fossilien
Gipsbrei unter dem Knochen	Schlamm am Seegrund
Hähnchenknochen	erhalten gebliebenes Skelett
Nachgießen von Gips	Ablagerungen am Seegrund, die das Skelett überdecken
Hartwerden des Gipses	Zusammenpressen der Ablagerungen zu Gestein
freigelegter Hähnchenknochen	Fossil
Trennen des Gipsblocks	Ausgraben des Fossils

3

d: Lebendiges Tier in der Vorzeit
b: Verwesendes Tier am Seegrund
e: Von dünner Schicht Ablagerungen bedecktes Skelett
a: In Gestein eingebettetes, versteinertes Skelett (Fossil)
c: Ausgegrabenes Fossil

4

z. B.
- Wie alt ist das Fossil?
- Wo hat das Tier gelebt?
- Wie sah das Tier aus?
- Welchem heute lebenden Tier war es ähnlich?
- Wie bestimmt man das Alter eines Fossils?
- Wie rekonstruiert man Aussehen und Lebensweise aus einem Fossil?

3.2 Die Geschichte des Lebens auf der Erde

Entwicklung eines Gefühls für verschiedene Zeiträume	2	
Stationen der Entwicklung des Lebens auf der Erde	1	Abb. 1,2
Auch der Planet Erde verändert sich	3	Abb. 3
Blick in die Zukunft	4	

1

a) Zeitleiste 28,5 cm
Kambrium: Dauer 60 Mio Jahre = 30 mm = 3 cm
Ordovizium: Dauer 75 Mio Jahre = 37,5 mm = 3,8 cm
Silur: Dauer 25 Mio Jahre = 12,5 mm = 1,3 cm
Devon: Dauer 55 Mio Jahre = 27,5 mm = 2,8 cm
Karbon: Dauer 65 Mio Jahre = 32,5 mm = 3,3 cm
Perm: Dauer 40 Mio Jahre = 20 mm = 2 cm
Trias: Dauer 45 Mio Jahre = 22,5 mm = 2,3 cm
Jura: Dauer 70 Mio Jahre = 35 mm = 3,5 cm
Kreide: Dauer 70 Mio Jahre = 35 mm = 3,5 cm
Tertiär: Dauer 63,4 Mio Jahre = 31,7 mm = 3,2 cm
Quartär: Dauer 1,6 Mio Jahre = 0,8 mm = 0,1 cm
b) Vor 500 Mio Jahre, d. h. bei 25 cm vom Ende des Quartärs gemessen, im Ordovizium: erste Wirbeltiere
Vor 440 Mio Jahre, d. h. bei 22 cm vom Ende des Quartärs gemessen, im Ordovizium: erste Pflanzen auf dem Festland
Vor 410 Mio Jahre, d. h. bei 20,5 cm vom Ende des Quartärs gemessen, im Devon: erste Insekten
Vor 355–290 Mio Jahre, d. h. bei 17,8–14,5 cm vom Ende des Quartärs gemessen, im Karbon: Steinkohlewälder
Vor 200 Mio Jahre, d. h. bei 10 cm vom Ende des Quartärs gemessen, im Jura: erste Säugetiere
Vor 130 Mio Jahre, d. h. bei 6,5 cm vom Ende des Quartärs gemessen, in der Kreide: erste Blütenpflanzen
Vor 65 Mio Jahre, d. h. bei 3,3 cm vom Ende des Quartärs gemessen, in der Kreide: Aussterben der Dinosaurier
Vor 2 Mio Jahre, d. h. bei 1 mm vom Ende des Quartärs gemessen, im Quartär: erste Menschen
c) Das Präkambrium begann vor 4,8 Milliarden Jahren, d. h. 4800 Mio Jahre entsprechen 2400 mm = 240 cm = 2,4 m.
d) –

2

4,8 Mrd Jahre – Alter der Erde
2 Mio Jahre – so lange gibt es den Menschen
500 Mio Jahre – so lange gibt es Wirbeltiere
1300 Jahre – Höchstalter einer Eiche
3,8 Mrd Jahre – Alter des Lebens auf der Erde
1 Jahr – Dauer eines Erdumlaufs um die Sonne
1 Tag – Dauer einer Erdumdrehung
1 Sek – so lange braucht das Licht für 300 000 km
100 Jahre – Höchstalter eines Wals

3

Vor 250 Millionen Jahren bildeten die heutigen Kontinente zwei riesige zusammenhängende Kontinente, Laurasia (N-Amerika und Eurasien) nördlich des Äquators und südlich des Äquators Gondwana (S-Amerika, Afrika, Asien, Australien, Antarktis); China und Indien waren vorgelagerte Inseln. Beide Riesenkontinente lagen eng beieinander, die restliche Erdoberfläche war von Meer bedeckt. Heute liegt die Landmasse hauptsächlich auf der Nordhalbkugel. N-Amerika und S-Amerika hängen nur locker zusammen, Europa, Asien, Indien, Arabien und Afrika bilden eine zusammenhängende Landmasse, die Antarktis liegt isoliert am S-Pol.

4

Eine weitere Veränderung ist wahrscheinlich, da die Bedingungen auf der Erde sich im Laufe langer Zeiträume ändern und mit ihnen verändern sich die Lebewesen. Mögliche Diskussionsstichworte: Veränderte Umweltbedingungen: Klimaänderung, Schmelzen der Pole, Vulkanausbrüche verändern die Landschaft; Ausrottung von Arten durch den Menschen, Entstehung neuer Arten.

5

–

3.3 Archaeopteryx – ein Brückentier

Ein bemerkenswertes Fossil	Abb. 1
Vogel oder Reptil?	1 3 Abb. 2,3
Lebensweise des Archaeopteryx	2 Abb. 2,5

1

Merkmal	Zwergdinosaurier	Archaeopteryx	Huhn
Kiefer	mit Zähnen	mit Zähnen	ohne Zähne
Finger	Fuß mit 4 Fingern: 3 nach vorne, 1 nach hinten, alle mit Krallen; Hand mit 2 sichtbaren Fingern, mit Krallen	Fuß mit 4 Fingern: 3 nach vorne, 1 nach hinten, alle mit Krallen Hand mit 3 Fingern, mit Krallen	Fuß mit 4 Fingern: 3 nach vorne, 1 nach hinten, alle mit Krallen; Hand mit 2 sichtbaren Fingern, ohne Krallen
Gabelbein	nicht vorhanden	vorhanden	vorhanden
Brustkorb	Bauchrippen	Bauchrippen	Brustbein
Becken	Echsenbecken	Echsenbecken	Vogelbecken
Schwanzwirbelsäule	lang, mit Querfortsätzen	lang, mit Querfortsätzen	kurz, verwachsen
Federn	keine Federn	Federn an Flügeln und Schwanz	Federn an Flügeln, Kopf und Rumpf

Dinosauriermerkmal Vogelmerkmal

2

a) Archaeopteryx klettert an Baumstämmen hoch, dazu benutzt er sowohl die Krallen der Hände als auch die Krallen der Füße. Zum Insektenfangen stößt er sich vom Baumstamm ab und benutzt seine Flügel zum Gleiten.
b) Theorie der Rekonstruktion in Abb. 2: Das Fliegen entwickelt sich aus Laufen und Hochhüpfen, unterstützt durch die Flügel; Vorstufe des Fliegens ist also ein kurzzeitiges in die Höhe Flattern.

Theorie der Rekonstruktion in Abb. 5: Das Fliegen entwickelt sich aus dem Herabgleiten von höheren Orten; Vorstufe des Fliegens ist also das Gleiten ohne Flügelschlag.
c) Es sind nicht immer alle Knochen in der richtigen Lage vorhanden, manchmal fehlen Knochen oder sind an eine andere Stelle gerutscht. Vergängliche Teile sind nur manchmal als Abdruck zu sehen; Aussagen beispielsweise über Farbe sind nicht durch Fossilien zu belegen. Verhaltensweisen können nur indirekt durch

Rückschlüsse aus körperlichen Baumerkmalen oder Fossilien, die über die Umgebung des Tieres Aufschluss geben, erschlossen werden.

d) Da viele Aussagen nur durch Rückschlüsse möglich sind und aus den gleichen Tatsachen u.U. verschiedene Rückschlüsse gezogen werden können, fallen Rekonstruktionen unterschiedlich aus. Hinzu kommt, dass Fossilien oft nicht vollständig sind.

4 Lebewesen und Lebensräume – dauernd in Veränderung

4.1 Darwin

–

M Eine digitale Präsentation erstellen

–

4.2 Der Stammbaum der Wirbeltiere

Klassen der Wirbeltiere und ihre Merkmale	2 3 Abb. 2,3

Stammesgeschichtliche Entwicklung	1 4 Abb. 1

1

- Alle Wirbeltiergruppen sind aus einer gemeinsamen Urform, dem „Urfisch" hervorgegangen.
- Fische gibt es seit ca. 430 Millionen Jahren.
- In den dann folgenden 100 Millionen Jahren war die Artenzahl in der Gruppe der Fische groß, ging dann zurück und blieb konstant bis heute.
- Aus frühen Fischformen entwickelten sich vor ca. 350 Millionen Jahren die ersten Amphibien.
- Auch bei den Amphibien nahm die Artenzahl zunächst stark zu, dann aber wieder ab und blieb seit ca. 200 Millionen Jahren konstant.
- Die ersten Reptilien entwickelten sich aus Amphibien und traten vor ca. 290 Millionen Jahren auf.
- Reptilien waren lange Zeit (in Jura und Trias) die größte Tiergruppe, in der Kreidezeit (vor ca. 100 Millionen Jahren) nahm die Artenzahl dann aber stark ab.
- Aus Reptilien entwickelten sich die Gruppe der Vögel (in der Kreide) und die der Säugetiere (in der Trias).
- Die Zahl der Vogelarten nahm dann kontinuierlich zu.
- Auch die Zahl der Säugetiere nahm in der Kreide stark zu.
- Heute sind die Säugetiere die artenreichste Gruppe der Wirbeltiere.

2

Wirbelsäule, Flossen, Kiemen, Beine, Federn, Hornschuppen, Milchdrüsen, Lunge, Haare

	F			B	E				H
	L				I		K		O
	O	S	S	E	N		I		R
				F	E	D	E	R	N
W	M	I	L	C	H		M		S
I					D		E		C
R					R		N		H
B	E	L	S	Ä	U	L	E		U
					E	U			P
H					S	N			P
A					E	G			E
A	R	E			N	E			N

3

1: Alle Wirbeltiere (Fische, Amphibien, Reptilien, Vögel und Säugetiere) haben eine Wirbelsäule, einen in Kopf und Rumpf gegliederten Körper und zwei Paar Gliedmaßen.

2: Amphibien, Reptilien, Vögel und Säugetiere haben die Merkmale, die in der Gruppe 1 gemeinsam sind, außerdem haben sie Gliedmaßen mit Zehen und atmen, zumindest als erwachsene Tiere, durch Lungen.

3: Reptilien, Vögel und Säugetiere haben alle Merkmale, die in den Gruppen 1 und 2 gemeinsam sind, außerdem ist bei ihnen die oberste Hautschicht verhornt.

4: Fische haben die Merkmale, die in der Gruppe 1 gemeinsam ist, außerdem haben sie Flossen und atmen durch Kiemen.

5: Amphibien besitzen neben den Merkmalen, die den Gruppen 1 und 2 gemeinsam sind, eine schleimige, nackte Haut.

6: Reptilien haben alle Merkmale, die in den Gruppen 1, 2 und 3 gemeinsam sind, außerdem haben sie Hornschuppen, aber keine Federn.

7: Vögel haben alle Merkmale, die in den Gruppen 1, 2 und 3 gemeinsam sind, außerdem haben sie Hornschuppen und Federn.

8: Säugetiere haben alle Merkmale, die in den Gruppen 1, 2 und 3 gemeinsam sind, außerdem haben sie Haare und säugen ihre Jungen nach der Geburt.

4

A – richtig. Der Mensch gehört zur Klasse der Säugetiere. Allen Säugetieren gemeinsam sind u. a. eine Haut mit Haaren und Milchdrüsen.

B – falsch. Säugetiere und Fische sind Wirbeltiere. Alle Wirbeltiere haben gemeinsame Merkmale, nämlich eine Wirbelsäule und einen Blutkreislauf mit einem Herzen, und sind stammesgeschichtlich miteinander verwandt.

C – richtig. Stammesgeschichtliche Vorfahren der Vögel waren Reptilien.

D – richtig. Vor etwa 350 Millionen Jahren entwickelten sich aus gemeinsamen Vorfahren die Fische und die Vorfahren der anderen Wirbeltierklassen, die als Gemeinsamkeit z. B. die Lungenatmung haben.

E – falsch. Vögel und Reptilien unterscheiden sich in mehreren Merkmalen. Z. B. sind Vögel gleichwarm, Reptilien dagegen wechselwarm und nur Vögel haben Federn.

F – richtig. Tiere an den Verzweigungsstellen des Stammbaums sind die gemeinsamen Vorfahren mehrerer Wirbeltierklassen und hatten gewisse Merkmale mit mehreren Klassen gemeinsam.

G – falsch. Säugetiere haben sich erst vor ca. 225 Millionen Jahren entwickelt.

4.3 Vom Wasser zum Land

Erdzeitalter des Devons	**3** Abb. 1
Cheirolepis – Lungenfisch Anpassung an verschiedene Lebensräume	**1** Abb. 1,2
Ichthyostega – Urvater der Amphibien	**2** **4** Abb. 3,4

1

	Cheirolepis	Lungenfisch	Ichthyostega
Lebensraum	freies Wasser	flacher Uferbereich Übergangszone zwischen Wasser und Land	Wasser und Land
Atmung	Kiemen	Kiemen und Lungen	Lungen
Gliedmaßen	Flossen	Flossen in der Form von Stummelbeinen mit kräftigen Muskeln	Beine sowie ein Flossenschwanz
Fortbewegung	Schwimmen und schweben im Wasser	Schwimmen und schwerfällige Fortbewegung an Land	Laufen und schwerfälliges Schwimmen

2

	Ichthyostega	Salamander
Schultergürtel	lang, schmal und kantig	kurz, kräftig, abgerundet
Oberarmknochen	kantig, breit	an den Enden abgerundet, in der Mitte am schmalsten, glatt
Speiche	kurz, breit	länglich, an den Enden abgerundet und verdickt
Elle	kurz und kantig	länglich, an den Enden abgerundet und verdickt
Handknochen	verwachsen	nicht verwachsen

3

In der Uratmosphäre befand sich viel Kohlenstoffdioxid, das die Pflanzen nutzen konnten. Die Pflanzen wiederum setzten Sauerstoff frei, den die Tiere zum Leben nutzen konnten. Außerdem dienten die Pflanzen als Nahrung für Pflanzenfresser und diese waren die Nahrungsgrundlage der Fleischfresser.

4

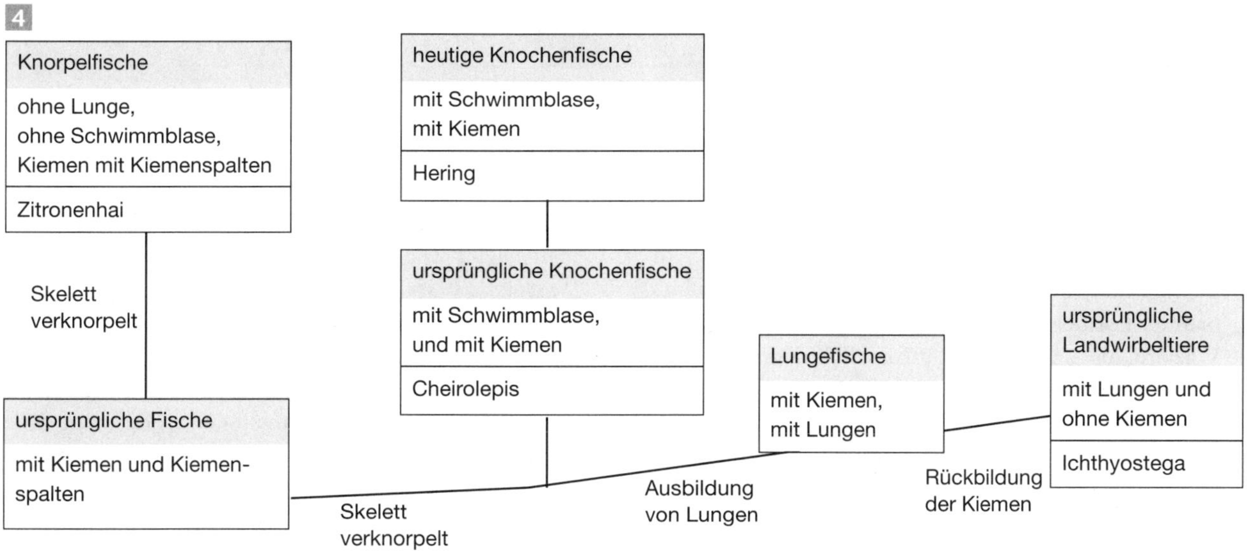

4.4 Die Stammesgeschichte der Wale

Wale sind Säugetiere	1 Abb. 2

Vom Land zum Wasser: Angepasstheiten an das Leben im Wasser	2 Abb. 1,3

Stammesgeschichte der Wale	3 Abb. 1,3

1

	Karpfen	**Wal**	**Pferd**
Skelett	Vorderextremitäten zu Flossen umgewandelt, senkrechte Schwanzflosse	Hinterbeine zurückentwickelt, Vorderbeine flossenähnlich, stromlinienförmig, nur Reste des Beckenknochens vorhanden	starke Vorder- und Hinterbeine, Hufe, starker Beckenknochen
Fortbewegung	schwimmend	schwimmend (mithilfe der waagrechten Rückenflosse)	mit vier Beinen laufend
Haut	Schuppen	haarlose Haut, dicke Fettschicht	Haut mit Fell
Atmung	Kiemen	Lunge, müssen zum Atmen auftauchen	Lunge
Fortpflanzung	äußere Befruchtung	innere Befruchtung, lebendgebärend, säugen	innere Befruchtung, lebendgebärend, säugen
Lebensraum	Wasser (Süßwasser)	Wasser (Meer)	an Land

2

- Hinterbeine zurückentwickelt, waagrechte Schwanzflosse: schwimmende Fortbewegung im Wasser möglich durch Auf- und Abwärtsbewegungen der Schwanzflosse
- Beckenknochen zurückgebildet; werden bei schwimmender Fortbewegung nicht benötigt
- Vorderbeine umgebildet zu flossenähnlichen Gliedmaßen: dienen der schwimmende Fortbewegung im Wasser
- Nasenöffnung ist nach oben gewandert zur höchsten Stelle des Körpers; beim Auftauchen kann so leichter geatmet werden.
- Die glatte, haarlose Haut bietet im Wasser wenig Widerstand und die dicke Speckschicht isoliert gegen Wärmeverluste im kalten Wasser.
- Körper hat eine strömungsgünstige Form angenommen; bietet wenig Widerstand beim Schwimmen im Wasser
- Gute Ausnutzung des eingeatmeten Sauerstoffs: ermöglicht langes und tiefes Tauchen
- Kommunikation mit (sehr tiefen) Tönen: Schall breitet sich im Wasser sehr viel schneller als in Luft aus; tiefe Töne sind noch in sehr weiter Entfernung von Artgenossen hörbar.
- Geruchssinn und Sehsinn eher schwach: Geruchsmoleküle verteilen sich im Wasser langsam, Geruchssinn

ist daher wenig hilfreich; Licht wird im Wasser absorbiert, im tiefen Wasser ist es dunkel.

3

B – Pakicetus: gleicht dem Skelett an Land lebender Säugetiere, vier Extremitäten zum Laufen, starker Beckenknochen

C – Ambolucetus: Zwischenform, Skelett lang gestreckt, Extremitäten leicht verkürzt, Beckenknochen noch vorhanden

D – Dorodon: Skelett gleicht fast dem heutiger Wale, Beckenknochen und Hinterbeine stark verkleinert, längliche strömungsgünstige Form, Vorderextremität noch nicht ganz flossenförmig

4.5 Genetische Variabilität und natürliche Auslese

Begriff der genetischen Variabilität	Abb. 1 Abschnitte 1–4
natürliche Auslese	1 2 Abb. 2–4 Abschnitt 5
Modellversuch zur Selektion	3

1

a) Die Karte zeigt die Verbreitung verschiedener Populationen des Birkenspanners in England und Schottland. Jeder Kreis steht für eine untersuchte Population. Dabei lässt sich bei jedem Kreis ablesen, wie groß der Anteil der dunklen Mutation bei der jeweiligen Population ist. Bei den Populationen in den Industriegebieten, z. B. rund um London und Birmingham sind fast alle Individuen dunkel. Bei den Populationen in ländlichen Gebieten, z. B. an der Südküste Englands oder in Schottland sind die meisten Individuen hell.
Diese Zusammensetzung der Populationen lässt sich als Angepasstheit der Birkenspanner in Folge natürlicher Auslese durch Fressfeinde erklären. In den Industriegebieten sind die Birkenstämme wegen der Industrieabgase dunkler als in ländlichen Gebieten. Auf dunklen Birken sind helle Birkenspanner jedoch auffällig und werden von Vögeln leichter erkannt und häufiger gefressen als Tiere, die die Mutation für dunkle Flügel geerbt haben. Diese dunklen Exemplare haben hier einen Überlebensvorteil und können sich daher besser vermehren als die hellen Exemplare. Daher steigt im Laufe der Zeit der prozentuale Anteil an dunklen Tieren immer mehr an. In den ländlichen Gebieten ist es genau umgekehrt. Hier haben die dunklen Tiere einen Überlebensnachteil, sie werden auf den hellen Birkenrinden leichter von Vögeln gesehen als die dunklen Tiere.
b) In Dorset wurden fast ausschließlich dunkle Birkenspanner gefressen, in Birmingham dagegen überwiegend helle Tiere. Außerdem wurden in Dorset insgesamt wesentlich mehr Birkenspanner gefressen als in Birmingham.
Birmingham ist ein Industriegebiet. Die Birkenstämme sind dunkel, und die Birkenspannerpopulationen bestehen hauptsächlich aus dunklen Tieren, die auf den Birkenstämmen gut getarnt sind. Die wenigen hellen Tiere fallen dagegen auf und werden daher bevorzugt von den Vögeln gefressen. Damit erklärt sich der hohe Anteil von hellen Tieren bei den gefressenen Birkenspannern.
Dorset liegt an der Südküste Englands, die Birken haben hier helle Stämme, und die hellen Birkenspanner sind gut getarnt. Es werden hauptsächlich die dunklen Tiere gefressen.
Insgesamt scheinen die Umweltbedingungen in Dorset günstiger für Birkenspanner zu sein, denn die Gesamtzahl der gefressenen Birkenspanner ist hier wesentlich höher als in dem Industriegebiet, was auf eine größere Populationsdichte schließen lässt.

2

Die künstliche Auslese durch Züchtung führt in sehr kurzer Zeit zu einer Vielzahl unterschiedlicher Kohlarten. Der Mechanismus der künstlichen Auslese ist aber im Prinzip der gleiche wie bei der natürlichen Auslese. Aus der Vielzahl von unterschiedlichen Individuen werden nur wenige Pflanzen mit ganz bestimmten Eigenschaften zur Vermehrung ausgewählt. Diese Eigenschaften treten dann in der nächsten Generation verstärkt auf. Bei der künstlichen Auslese ist es der Züchter, der die Pflanzen auswählt, bei der natürlichen Auslese übernehmen verschiedene Umweltfaktoren die Auswahl. Diejenigen Pflanzen, deren Eigenschaften eine besondere Angepasstheit an die jeweilige Umwelt darstellen, haben einen höheren Fortpflanzungserfolg als die weniger gut angepassten Pflanzen. Bei der natürlichen Auslese hat also die Umwelt einen entscheidenden Einfluss auf das Aussehen der Pflanzen. Bei der künstlichen Auslese spielt die Umwelt so gut wie keine Rolle, die Zuchtziele werden bei Zierpflanzen durch das Aussehen und bei Nutzpflanzen durch den Ertrag, den Geschmack etc. bestimmt.

3

Es wird erwartet, dass auf dem grünen Rasen die roten Trinkhalme wesentlich leichter gefunden werden als die gut getarnten grünen Trinkhalme.

Entsprechungen zwischen Modellversuch und natürlicher Auslese:

Die Fressfeinde der Insekten – meistens Vögel – haben oft nur wenig Zeit, eine Entscheidung zu treffen, welches Insekt sie fressen sollen. Sie müssen, vor allem wenn sie Jungtiere zu füttern haben, möglichst viel Nahrung in möglichst kurzer Zeit heranschaffen. Dabei fangen sie vor allem Insekten, die auffallen. Zum Beispiel weiße Birkenspanner auf dunklen Baumrinden.

Welche Bedingungen sind im Modellversuch vereinfacht worden?

In der Natur gibt es viele verschiedene Insektenarten, und in jeder Art treten auch noch unterschiedliche Individuen auf. Bei dem Modellversuch gibt es nur zwei Arten von Strohhalmen, rote und grüne. In der Natur halten sich die verschiedenen Insekten auch auf unterschiedlichen Pflanzen auf; oft dort, wo sie besonders gut getarnt sind. In dem Versuch liegen die roten Strohhalme einfach auf dem grünen Rasen, ohne dass sie sich „verstecken“ können. In der Natur gibt es viele verschiedene Vogelarten im gleichen Biotop, die unterschiedliche Nahrung bevorzugen. In dem Modellversuch spielt nur eine Vogelart eine Rolle.

Verbesserung des Versuchs:

Der Versuch müsste in mehrere Runden unterteilt werden. Nach der ersten Runde kommen die „überlebenden“ Strohhalme „zur Fortpflanzung“. Für jeden roten oder grünen Strohhalm, der nach der ersten Runde noch auf der Rasenfläche liegt, werden z. B. zwei neue Strohhalme der gleichen Farbe dazugelegt.

4.6 Geschichte der Menschwerdung

Rekonstruktion der Humanevolution	**1** Abb. 1
Wechselwirkungen in der Humanevolution, Soziale Wechselwirkungen	**2** **3** Abb. 2,3
Verschiedene Modelle der Menschwerdung	**4** Abb. 4

1

a) Zu sehen ist eine Gruppe von 12 Frühmenschen (neun Erwachsene und drei Kinder), die nackt sind und aufrecht gehen, in einer offenen Landschaft mit Gras, Bäumen und Büschen, am Fluss.

- Ernährungsweise: Manche pflücken Beeren und andere Früchte, andere suchen Eier, drehen Steine nach Insekten und Kleintieren um. Die Frühmenschen vor 1,8 Millionen Jahren ernährten sich nach dieser Darstellung von dem, was sie bei ihren gemeinschaftlichen Streifzügen in der Natur vorfanden. (Es ist nicht ausgeschlossen, dass sie sich auch von Aas ernährten.) Diese Frühmenschen lebten hauptsächlich als Sammler.
- Lernvermögen: Nach Abbildung 2 beträgt das Hirnvolumen dieser Menschen etwa 600 ml. Das ist deutlich mehr als bei Schimpansen aber noch weniger als die Hälfte des Jetztmenschen. Wenn man die Lern- und Gedächtnisfähigkeiten von Schimpansen kennt, dürften diese Menschen dazu im Vergleich ein ausgezeichnetes Lernvermögen haben. Dabei mag das Lernen durch Nachahmung eine erhebliche Rolle spielen: Auf dem Bild schaut ein Kind einer Frau bei Handhabungen mit einem Stock zu und ein erwachsener Mann

einem anderen, der offenbar ein Steinwerkzeug herstellt.
- Werkzeugherstellung: Links im Bild schlägt ein sitzender Mann offenbar zwei Steine gegeneinander. Vielleicht soll ein einfaches Steinwerkzeug hergestellt werden. Werkzeugherstellung setzt die Fähigkeit zu vorausschauenden Planungen voraus. Andere Mitglieder der Gruppe benutzen einfache Werkzeuge wie Stöcke.
- Bedeutung der Kindheit: In der Kindheit wird sehr viel gelernt, durch Nachahmung von Eltern, Geschwistern und anderen Gruppenmitgliedern sowie Ausprobieren und im Spiel.
- Anzahl der Nachkommen: Eine relativ lange Kindheit geht mit einer geringen Kinderzahl einher. Die wenigen Kinder wurden sehr intensiv betreut und konnten daher sehr viel lernen.

Für das Überleben vorteilhafte Eigenschaften der Frühmenschen waren hohe Intelligenz, Lernvermögen und gutes Gedächtnis, Kommunikationsfähigkeit zum Zusammenleben in einer Gruppe und zum Aufbau sozialer Strukturen, Geschicklichkeit und Fingerfertigkeit bei der Werkszeugbenutzung.

b)
- Entferne Dich nie zu weit von der Gruppe! Ohne die Gruppe bist du verloren.
- Vermeide unnötige Risiken, zum Beispiel wenn Raubkatzen in der Nähe sind.
- Lerne essbare von giftigen Früchten zu unterscheiden.
- Lerne von den Erwachsenen, wie man Werkzeuge herstellt.
- Kooperiere mit den Menschen, die dir freundlich gesonnen sind.
- Lerne die Bedeutung von Spuren, Geräuschen, Gerüchen und anderen Naturerscheinungen kennen.

2

Im Laufe der Entwicklung vom Vormenschen (Australopithecus) über Frühmenschen (Homo habilis, Homo erectus) zum Jetztmenschen (Homo sapiens), die ca. 3,5 Millionen Jahre dauerte, nahm das Gehirnvolumen sehr stark zu: von 385 ml auf 1350 ml; im Vergleich dazu hat der Schimpanse ein Gehirnvolumen von 400 ml, ähnlich den Vormenschen. Mit dem Gehirnvolumen gehen Intelligenz, Lernvermögen und Gedächtnis einher. Im Zusammenhang mit einer verlängerten Kindheit begründet dies das enorme Lern- und Gedächtnisvermögen des Menschen. Das zunehmend größere Gehirn benötigte dabei auch immer mehr Energie, sodass beim Jetztmenschen knapp 1/4 der vom Körper benötigten Energie für die Gehirntätigkeit gebraucht wird. Dieser höhere Energiebedarf wurde durch eine fleischreiche Ernährung gedeckt, wobei zur Jagd auch Werkzeuge eingesetzt wurden. Parallel zum Gehirnvolumen nahm mit der Zeit auch die Gruppengröße zu. In einer großen Gruppe mit vielen mitmenschlichen Beziehungen war auch eine vielfältige Kommunikation, die Lernvermögen und Intelligenz voraussetzt, von großem Vorteil.

3

Australopithecus afarensis: Gruppenstärke = 50;
Anzahl möglicher Beziehungen = 1225
Australopithecus africanus: Gruppenstärke = 60;
Anzahl möglicher Beziehungen = 1770
Homo habilis: Gruppenstärke = 80;
Anzahl möglicher Beziehungen = 3160
Homo erectus: Gruppenstärke = 100;
Anzahl möglicher Beziehungen = 4950
Homo sapiens: Gruppenstärke = 100;
Anzahl möglicher Beziehungen = 4950
Homo sapiens sapiens: Gruppenstärke = 160;
Anzahl möglicher Beziehungen = 12720

Das Leben in einer großen Gruppe erfordert und ermöglicht komplexe soziale Strukturen, die durch hohe Intelligenz und Sprache entwickelt werden. Eine große Gruppe bietet mehr Schutz gegen Feinde, profitiert von Arbeitsteilung und begünstigt das enorme Lernvermögen in einer langen Kindheit.

4

Modell c) trifft am ehesten zu: Dem Übergang zum Bodenleben folgte die Entwicklung des aufrechten Ganges. Durch die dann zunehmende Vergrößerung des Gehirns und damit einhergehende hohe Intelligenz konnte sich die menschliche Kultur einschließlich der Wortsprache entwickeln.
Modell a (und in gewisser Hinsicht auch Modell d) ist aus heutiger Sicht deshalb widersprüchlich, weil es die Fähigkeit zur Sprache noch vor der Vergrößerung des Gehirns voraussetzt. Bei Modell b ist die Vergrößerung des Gehirns noch vor dem Übergang zum Bodenleben schwer nachvollziehbar.

4.7 Kultur und Wortsprache

Enge Verwandte	Abb. 1,2
Spezifisch menschliche körperliche Merkmale	1 Abb. 2
Menschenaffe und Mensch – nur graduelle Unterschiede?	2 3

1

Für die Entwicklung der Nachrichtenkommunikation waren alle auf der Grundwissenseite erläuterten Fähigkeiten von Bedeutung:
Durch *Wortsprache* konnten sich Menschen miteinander über abstrakte Dinge verständigen, und durch die Entwicklung der Schrift konnten sprachlich formulierte Gedanken festgehalten und weitergegeben werden.
Einsichtiges Verhalten und vorausschauende Planung sind wichtig, um die Wirkungen von Handlungen einzuschätzen und z.B. Werkzeuge herzustellen. Nur so konnten beispielsweise der Buchdruck mit beweglichen Lettern, das Mikrofon oder der Computer erfunden werden: Immer war ein Vorwissen über technische Zusammenhänge notwendig, das dann einsichtig verknüpft und vorausschauend erweitert wurde um ein gedanklich geplantes Ziel zu erreichen.
Mit *Arbeitsteilung, Kooperation und Zusammenarbeit* können viele Aufgaben effektiver erledigt werden. Die Produktion einer Tageszeitung ist z.B. nur dann möglich, wenn verschiedene Aufgaben wie Recherche, Redaktion, Fotografie, Druck und Verkauf auf viele Mitarbeiter aufgeteilt werden, da niemand allein alle Aufgaben in der notwendigen Schnelligkeit erledigen könnte.
Nutzung der Erfahrung anderer: Da die Menschen Erfahrungen von Generation zu Generation weitergeben, können sie auf ein immer größeres Wissen aufbauen, um neues zu entwickeln; alle Entwicklungen / Erfindungen bauen daher aufeinander auf, z.B.:
Schriftsprache mit einzelnen Buchstaben – Buchdruck mit beweglichen Lettern – Zeitung, oder: Vorläufer des Computers – Erster Silizium-Mikroprozessor-Chip – Netzwerke aus vielen Rechnern – Internet

2

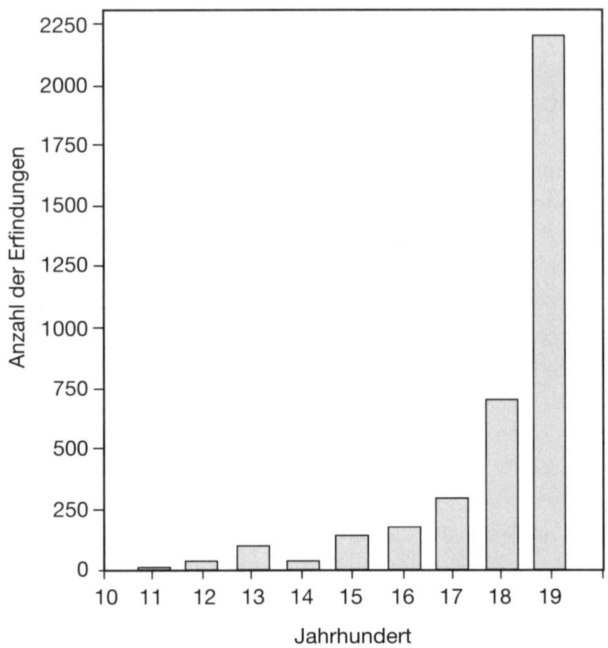

Die Anzahl der Entdeckungen und Erfindungen pro Jahrhundert nahm seit dem 11. Jahrhundert stark zu, und zwar nicht geradlinig (linear) um einen bestimmten Betrag, sondern von Jahrhundert zu Jahrhundert gab es einen immer größeren Anstieg der Anzahl (exponentielles Wachstum). Grundsätzlich bauen alle Erfindungen, Entwicklungen auf der Erfahrung und dem Vorwissen der vergangenen Generationen und Jahrhunderte auf; da also im Laufe der Zeit auf immer mehr zurückgegriffen werden kann, ist auch immer mehr Neues möglich.
Besonders viele Entdeckungen und Erfindungen gab es im 18. und 19. Jahrhundert, in denen eine naturwissenschaftliche Denkweise Forschung und Technik voranbrachten. Im 14. Jahrhundert nahm die Anzahl der Entdeckungen und Erfindungen gegenüber dem vorigen Jahrhundert ausnahmsweise etwas ab, was mit der großen Pestepidemie in Mitteleuropa Mitte des 14. Jahrhunderts in Zusammenhang stehen könnte, durch die sehr viele Menschen starben.

3

Die Versuche bestätigen: Informationsübermittlung durch Wortsprache erfolgt sehr viel schneller und präziser als Informationsübermittlung durch Mimik und Gestik. Besonders bei abstrakten Begriffen, also solchen, die relativ weit vom unmittelbar Anschaulichen entfernt sind, versagen Mimik und Gestik als Mittel der Informationsübertragung. Wortsprache bietet fast unendlich viele Möglichkeiten, Informationen zu übermitteln. Dagegen vermittelt Mimik die ebenfalls wichtige emotionale Komponente.

4

Überlieferung: Das Rezept der Mutter wird an ihr Kind (nächste Generation) weitergegeben und dann innerhalb der Freundinnen und Freunde ausgetauscht.
Vorausschauende Planung: Es muss vereinbart werden, wo und wann man sich trifft, wer welche der benötigten Zutaten einkauft und ob alle notwendigen Geräte (Backofen, Blech) vorhanden sind.
Werkzeuggebrauch: Beim Pizzabacken benutzt man viele Werkzeuge, u. a. Schüsseln, Löffel, Messer, Backblech und Backofen.
Schneller und einfacher geht das Pizzabacken, wenn man verschiedene Arbeitsschritte aufteilt, also *Arbeitsteilung und Kooperation* einsetzt. Während einer z. B. den Teig ausrollt, kann ein zweiter die Soße zusammenrühren und die anderen Salami, Pilze und Zwiebeln schneiden.
Bei der Planung und während des Pizzabackens redet man miteinander, benutzt also die *Wortsprache.*

4.8 Menschen – verschieden und doch gleich

Ausbreitung des modernen Menschen	**1** Abb. 1
Hautfarbe und „Rassen"	**2** Abb. 2,3
Stichwort: Rassismus	**3** Abb. 4

1

Zeit	Wanderbewegung
vor 150.000 – 130.000 Jahren:	von Zentralafrika nach Nordafrika
vor 120.000 Jahren:	von Zentralafrika nach Südafrika
vor 100.000 Jahren:	Besiedlung der Arabischen Halbinsel und des Vorderen Orients
vor 40.000 Jahren:	Besiedlung Europas über Südosteuropa
vor 35.000 Jahren:	von Mitteleuropa nach Innerasien
vor 30.000 – 40.000 Jahren:	von der Arabischen Halbinselnach Innerasien, Ostasien und Südostasien
vor 20.000 Jahren:	Besiedlung Nordamerikas über die Behring-Straße und Alaska
vor 11.000 Jahren:	von Nord- nach Mittel- und Südamerika
vor 3.500 Jahren:	von Indonesien zu den Fidschi-Inseln
vor 2.500 Jahren:	von den Fidschi-Inseln zu den Gesellschaftsinseln
vor 2.400 Jahren:	von den Fidschi-Inseln zu den Marquesasinseln
vor 1.500 Jahren:	von den Marquesasinseln zu den Osterinseln
vor 1.200 Jahren:	von den Gesellschaftsinseln nach Neuseeland

2

Die Hautfarbe ist eng korreliert mit der Intensität der UV-Strahlung in den Gebieten, in denen die Menschen leben bzw. in die sie einwanderten. Vergleichbare Strahlungsintensitäten kommen in Erdteilen mit ähnlichem Breitengrad vor und die Hautfarbe der dort lebenden, kulturell ganz unterschiedlichen Menschengruppen ist sehr ähnlich. Beispiele sind hierfür z. B. die Ureinwohner Australiens und Menschen in Zentralafrika, die eine dunkelbraune Haut haben oder Menschen in Nordafrika, Indien, Mittel- und Südamerika, die alle eine hellbraune Hautfarbe haben Die Hautfarbe ist daher kein Kriterium zur Zugehörigkeit zu einer bestimmten Menschengruppe, sondern eine Angepasstheit an das Klima. Alle Menschen stammen letztlich von dunkelhäutigen Afrikanern ab. Abbildung 3 macht deutlich, dass die Hautfarbe ein sehr „oberflächlicher" Aspekt ist und nichts mit Charakter und kulturellen Eigentümlichkeiten des jeweiligen Individuums zu tun hat. Rassisten dagegen stellen häufig abwertende Beziehungen zwischen Hautfarbe und Charaktereigenschaften bzw. Kultur her. Das ist sachlich falsch.

3

Unter Rassismus versteht man, wenn einer Menschengruppe Eigenschaften unterstellt werden, durch die sie abgewertet und als unterlegen oder minderwertig eingestuft wird. Rassismus ist menschenunwürdig und widerspricht gegen die Menschenrechte und die Grundrechte.

Beispiele für Rassismus:
- Ausrottung der Indianer in Amerika
- Massenvernichtung von Juden im Nationalsozialismus
- Apartheid in Südafrika
- Rassismus in Form von Vorurteilen (abwertend, minderwertig, unterlegen)
- Unfaire Behandlung und Beschimpfung von fremd aussehenden Leuten im Alltag
- Diskriminierung / Benachteiligung, z. B. aufgrund der Hautfarbe
- Gewalt gegen Ausländer

4.9 Wälder verändern sich

Von der Tundra zum Wald, Sukzession	Abb. 1
Waldzusammensetzung und Klima	**1** Abb. 3,5
Eigenschaften von Pionier- und Schlussbaumarten	**2** Abb. 1,2,5
Jahresringe und Baumgeschichte	**3** Abb. 4

1

a)

Zeit vor heute in Jahren	**Baumarten-zusammensetzung**
10 000	hauptsächlich Birke und Kiefer
8000	Birke und etwas mehr Kiefer
6000	wenig Birke, wenig Kiefer, etwas Hasel, hauptsächlich Ulme, etwas Eiche, wenig Erle
4000	wenig Birke und Kiefer, mehr Hasel, mehr Ulme, mehr Eiche, etwas mehr Erle, vereinzelt Fichte
2000	wenig Birke, Kiefer, Hasel, Ulme, weniger Eiche, mehr Erle, etwas mehr Rotbuche, wenig Fichte
heute	wenig Birke, Kiefer, Hasel, Ulme, Eiche, Erle, viel Rotbuche, wenig Fichte

b) In Abbildung 3 erkennt man, dass sich die Temperatur zwischen 8000 und 6000 Jahren vor heute erhöht hat. Parallel dazu hat sich die Zusammensetzung der Bäume verändert: Es kam zum Rückgang von Birke und Kiefer und zur Zunahme von Hasel, Ulme und Eiche. Auch in den weiteren Jahren zeigt sich, dass sich mit veränderter Temperatur die Zusammensetzung der Bäume verändert. Die bekannten Ansprüche der Bäume lassen Rückschlüsse auf das damalige Klima zu. Vor 10000 Jahren wuchsen zunächst Arten, die Kälte gut vertragen haben. Diese Pionierbaumarten waren auch in Bezug auf andere Ökofaktoren anspruchslos. Mit höheren Temperaturen wurden diese Arten teilweise durch andere verdrängt, die höhere Temperaturen benötigten.

2

Die Eigenschaften der Bäume, die in Abbildung 2 dargestellt sind, passen zu den Bedingungen, die zu den entsprechenden Zeiten in den jeweiligen Lebensräumen vorgeherrscht haben. Pionierbäume: Die Flächen waren noch nicht voll bewachsen, es gab wenig Konkurrenz, viel Licht und extreme Klimabedingungen. Die „Schlussbäume“ zeichnet aus, dass sie unter Konkurrenz bei weniger extremen Klimabedingungen wachsen können.

3

a) Der Baum ist circa 36 Jahre alt.
b) Die Breite der Jahresringe ist abhängig von den Vegetationsbedingungen, die im Jahr vorgelegen haben. Dicke Jahresringe zeigen einen feuchten und warmen Sommer an.

4.10 Lebensräume werden verändert

Der Lebensraum von Steinkäuzen	**2** Abb. 1
Lebensraumveränderung und deren Folgen	**1** **3** **4** **5** Abb. 2–5

1

In der Roten Liste sind 16 Arten bereits ausgestorben, 26 Arten als „vom Aussterben bedroht“, 28 Arten als „stark gefährdet“, 11 Arten als „gefährdet“, 31 Arten in der „Vorwarnliste“ aufgeführt.
Das sind insgesamt 112 Arten. Von den 254 der in Deutschland regelmäßig brütenden Arten sind demnach 142 Arten nicht gefährdet.

2

Veränderungen des Lebensraumes	Auswirkungen
– Alte Obstbäume werden gefällt. – Wiesenflächen werden nicht mehr beweidet. – Wiesenflächen werden zu Baugebiet. – Straßen mit regem Autoverkehr durchziehen den Lebensraum.	– Möglichkeiten, Bruthöhlen anzulegen, gehen zurück. – Im längeren Gras kann die Beute nicht oder nicht so gut gesehen werden. – Lebensraum wird kleiner. – Im Tiefflug jagende Steinkäuze werden bei Zusammenstößen mit Autos verletzt.

3

Nein. Hausrotschwänze finden in bzw. an Gebäuden reichlich Nistplätze und in Mauerritzen, am Boden und an Blättern genug Insekten und Spinnen als Nahrung.

4

Der Eisvogel ist in der Kategorie Vorwarnliste eingestuft.
Begründung:
Klare Bäche (mit Fischen) sind selten geworden.
Durch die Begradigung von Fließgewässern sind steile Erdwände am Ufer, in die Eisvögel ihre Nester bauen, selten.

5

a) An die Pfeile einzutragende Gefährdungsursachen:
- Alte Obstbäume auf Streuobstwiesen werden abgeholzt.
- Wiesenflächen werden nicht mehr beweidet.
- Neubaugebiete entstehen auf früheren Streuobstwiesen und Weideflächen.
- Stark befahrene Straßen durchziehen den Lebensraum.
- Fließgewässer sind verschmutzt.
- Fließgewässer sind begradigt worden.

b) –

4.11 Landschaftsveränderungen und Artenschutz

Die Lebensweise der Amphibien	**1** a Abb. 2–4
Veränderungen der Landschaft	**1** b–d Abb. 2–4,6
Schutzmaßnahmen	**2** Abb. 2–6

1

a) Erdkröte: 3872,98 m * 3872,98 m = 15000000 m^2
Grasfrosch: 1414,21 m * 1414,21 m = 2000000 m^2
Molcharten: 707,11 m * 707,11 m = 500000 m^2
b) Die Heide ist ganz verschwunden.
Fast alle größeren Gewässer existieren nicht mehr.
Die noch verbleibenden Wälder sind sehr klein.
Sumpfgebiete sind vollständig verschwunden.
Die Zahl der Gebäude und Straßen hat zugenommen.
Weitere mögliche Argumente: Entwässerungsgräben, Bachbegradigungen …
c) Einige mögliche Antworten:
Entwässerung und Rodung von Flächen, um mehr Acker- und Weideflächen zu bekommen.
Es leben mehr Menschen in diesem Raum.
Es gibt mehr Verkehr.
Felder und Wiesen müssen mit großen Maschinen bewirtschaftet werden.
d) Einige mögliche Argumente:
Die Zahl der Gewässer, die zum Laichen geeignet sind, hat abgenommen.
Wälder als Sommer- oder Winterlebensraum sind nur noch in geringem Maß vorhanden.
Bei den Wanderungen der Amphibien müssen oft Straßen überquert werden.
Die Mindestlebensräume (ohne Ackerland) sind zerstückelt und die Teile zu weit voneinander entfernt.

2

a) Krötenzäune verringern zwar die Anzahl an Kröten, die auf ihrer Wanderung überfahren werden. Wanderungen finden aber auch außerhalb der Laichzeit statt. Die größte Gefahr für Amphibien besteht aber in den Veränderungen der Landschaft, die immer weniger Lebensraum für Amphibien bietet. Ein umfassender Schutz kann nur gelingen, wenn die Lebensräume erhalten bleiben oder neue geschaffen werden. Zudem können Amphibienvorkommen langfristig nur bestehen, wenn ein genetischer Austausch mit Nachbarvorkommen stattfindet, es muss also nicht nur die Einzelpopulation geschützt werden, sondern auch Barrieren zu Nachbarpopulationen beseitigt werden.
b)
- Krötenzäune oder Krötentunnel bauen
- Lebensräume der Amphibien erhalten: v. a. Wiesen, Laubwald, Feuchtgebiete
- weniger bebaute Flächen
- Lebensräume erhalten, die als Winterquartier geeignet sind
- Landschaften, die Amphibien Lebensraum bieten, vernetzen; Barrieren zwischen Populationen abbauen

5 Vielfalt der Lebewesen als Ressource

5.1 Vom natürlichen Wald zur Waldwirtschaft

Waldgeschichte in Mitteleuropa	4 (2 1) Abb. 1–5
Bevölkerungsentwicklung und Waldnutzung im Mittelalter	2 4 Abb. 5 (1,2,4)
Heute: Prinzipien naturnaher Waldwirtschaft	3 Abb. 6 (3)

1

Stichworte aus dem Grundwissentext:
- Rodung für Ackerbau
- Rodung zur Gewinnung von Brennholz für verschiedene Zwecke (vor allem bis zum Aufkommen der Kohle im 19. Jh., siehe Abb. 1 und 4)
- Wald als Weidefläche für Schweine, Rinder, Pferde und Ziegen (z. B. im Mittelalter, siehe Abb. 2)
- Entnahme von Laub als Stalleinstreu und von Bucheckern als Tierfutter
- Aufforstung mit Nadelbäumen (nach der „Waldverwüstung" im 18. Jh., führte zu Waldbeständen mit art- und altersgleichen Nadelbäumen, siehe Abb. 3)
- Überführung von Nadelwaldmonokulturen in Mischwälder (naturnahe Waldwirtschaft)

2

Bis 700 n. Chr. war die Bevölkerungszahl in Mitteleuropa klein, das überwiegend bewaldete Land wurde nur relativ kleinflächig für den Ackerbau gerodet. Da die Bevölkerungsdichte gering war, konnte sich der Wald vom Eingriff des Menschen erholen. In den folgenden Jahrhunderten nahm die Bevölkerung stark zu, von unter 500000 im Jahr 700 auf ca. 9 Mio. um 1300. Immer mehr Menschen nutzten den Wald zur Gewinnung von Brennmaterial (z. B. zum Kochen und Heizen), als Weidefläche für die Nutztiere und zur Entnahme von Laub, Eicheln und Bucheckern. Bis ins 13. Jh. nahm so die Waldfläche durch Rodung, Viehverbiss und Entzug von Mineralsalzen dramatisch ab, das Verhältnis von Wald zu offener Fläche kehrte sich von 70:30 (600 n. Chr.) auf 30:70 (13. Jh.) um. In den Jahren nach 1300 nahm die Bevölkerungsdichte durch Kriege und Seuchen (z. B. Pest) wieder ab und der Waldbestand nahm geringfügig zu.

(Die Entwicklung einer stark steigenden Bevölkerungszahl und in deren Folge einer starken Abnahme der Waldflächen in Mitteleuropa setzte sich auch in den dann folgenden Jahrhunderten bis ins 18. Jh. fort. Der Wald wurde derart übernutzt, verwüstet und zurückgedrängt, dass man von einer großen Umweltkatastrophe, der Waldverwüstung, sprechen kann.)

3

- Einsatz von heimischen Laubbaumarten zum Beispiel dort, wo Nadelbäume geerntet wurden.
- Man überlässt den Wald der natürlichen Verjüngung und greift nur pflegend ein (z. B. hinsichtlich der Erhöhung des Anteils der Laubbaumarten und der Altersstufen).
- Mit der Zeit entwickelt sich Mischwald mit verschiedenen Höhenstufen und Alterstufen (strukturreicher Mischwald); dort keine Kahlschläge; Totholz wird nicht entfernt.
- Allmählich findet so die Umwandlung von Nadelbaummonokulturen in naturnahen Wald statt.
- Im naturnahen Mischwald ist die Artenvielfalt gegenüber der Monokultur stark erhöht.

4

Z. B. Göttingen, Reutlingen, Hildesheim, Mannheim, Recklinghausen, Oberhausen, Bayreuth
Orte mit diesen Endungen treten fast in ganz Deutschland auf, besonders aber im Bereich der Mittelgebirge, im Ruhrgebiet und in Südwestdeutschland, also in eher bewaldeten Gebieten. Manche Endungen sind in bestimmten Regionen besonders häufig, z. B. „-ingen" in Baden-Württemberg: Reutlingen, Tübingen, Böblingen, Tuttlingen, Donaueschingen etc.

Physikalische, chemische und biologische Stressoren	1 Abb. 1
Versuch: saures Regenwasser	2 Abb. 2 (1)
Wälder und Artenvielfalt	3 Abb. 3
Zusammenfassung: Wälder – gefährdete Ökosysteme	

1

Vorwiegend natürliche Stressoren:
- Lichtmangel
- UV-Strahlung
- hohe Temperaturen
- Feuer
- niedrige Temperaturen
- Wind
- Bodenbewegung, Bodenerosion
- Wassermangel, Trockenheit
- Überflutung und Sauerstoffmangel
- Mangel an Mineralsalzen
- Konkurrenz mit anderen Pflanzen
- Verbiss durch Tiere
- Insektenbefall
- Pilzbefall
- Bakterien- und Virenbefall

Vorwiegend vom Menschen verursachte Stressoren:
- Überschuss an Mineralsalzen (Überdüngung)
- hoher Säuregehalt („saurer Regen“)
- Schwermetalle
- Gasförmige Schadstoffe in der Luft
- Tritt durch Weidetiere

Viele der hier genannten Stressoren können durch Einwirkung des Menschen hervorgerufen werden, z. B.: Feuer durch Brandstiftung, Bodenerosion nach Abholzung, Mangel an Mineralsalzen nach intensiver Bewirtschaftung etc., aber auch natürlichen Ursprungs sein.

2

- individuelle Ergebnisse (vgl. pH-Wert-Skala, Abbildung 2)

3

- artenarm (< 500 Arten pro 10000 km^2)
  Polare Kältewüsten: Polargebiete am Nord- und Südpol, Tundra: Norden der USA und Kanada, Nordskandinavien, Nordasien;
  Wüsten: Sahara, Namib, Arabische Wüste, Turan, Gobi, Große Sandwüste in Australien, Atacama-Wüste
- wenig artenreich (500–1500 Arten pro 10000 km^2)
  Gebiete mit sommergrünem Laubwald, Teile der USA, Mittel- und Osteuropa, Ostasien, Steppengebiete: Prärien der USA, große Teile Asien (z. B. Kasachensteppe);
  tropische Trockenwälder in Südafrika, Südamerika und Australien
- artenreich (1500–3000 Arten pro 10000 km^2)
  Feuchtsavanne, subtropischer und tropischer Feuchtwald, Regenwald: Süden der USA, Mittelamerika, Teile Südamerikas, Südeuropa, Zentralafrika, Südostasien
- besonders artenreich (> 3000 Arten pro 10000 km^2)
  Teile des tropischen Regenwaldes: kleine Gebiete in Mittel- und Südamerika, Zentralafrika, Südost-Asien, Indonesien, Australien

In unbewaldeten Gebieten mit geringer Vegetation ist der Artenreichtum sehr gering. In den sommergrünen Laubwäldern der gemäßigten Zone ist die Artenvielfalt größer. Ausgesprochen artenreich sind Gebiete mit tropischem Regenwald.
Die zunehmende Verringerung der Waldflächen könnte eine starke Abnahme der Artenvielfalt auf der Erde zur Folge haben.

5.3 Artenreichtum im Regenwald

Vergleich: tropischer Regenwald – mitteleuropäischer Wald	**1** Abb. 1–3 (4)
Stoffkreislauf im tropischen Regenwald und nach Umwandlung in Nutzfläche	**2** Abb. 4 (3)
Brandrodung und Wanderfeldbau – früher und heute	**3**
Zusammenfassung: Gefährdungen des tropischen Regenwaldes	

1

	tropischer Regenwald	**mitteleuropäischer Wald**
Alter	hat sich in Millionen Jahren entwickelt	nach der letzten Eiszeit (ca. vor 10000 Jahren) entstanden
Klima und Jahreszeiten	ganzjährig hohe Temperaturen (25–27° C) und Niederschläge, keine Jahreszeiten	Durchschnittstemperatur 7 °C, geringe Luftfeuchte und Niederschläge, große jahreszeitliche Schwankungen
Boden	dünne Humusschicht, wenig Mineralsalze, feucht, sauerstoffarm	dicke Humusschicht, gut durchlüftet, reich an Mineralsalzen
Artenreichtum	sehr hoch	geringer
typisches Erscheinungsbild	immergrün, Stockwerkaufbau mit Baumriesen, Kletterpflanzen, Aufsitzerpflanzen, am Boden dämmrig	sommergrün, Stockwerkaufbau, jedoch nicht so ausgeprägt wie im tropischen Regenwald, Lichtverhältnisse am Boden je nach Jahreszeit mäßig bis hell
Stoffkreislauf	schnell	langsam
Einfluss des Menschen	Gefährdung durch Brandrodung, Plantagen, Straßenbau, Abholzung und anschließender Bodenerosion	seit langem Nutzung durch den Menschen, kein Naturwald, sondern Kulturwald

2

Stoffkreislauf im tropischen Regenwald:

- Pflanzen wachsen mithilfe von Wasser, Licht und Mineralsalzen aus dem Boden.
- Abgestorbene Pflanzenteile fallen auf den Boden und werden in der feuchten und warmen Umgebung sehr rasch abgebaut und zersetzt.

- Die dabei freigesetzten Mineralsalze werden sofort von den flach wurzelnden Pflanzen wieder aufgenommen.
- Der Boden ist arm an Mineralsalzen und die Humusschicht dünn.
- Die dichte Vegetation schützt den Boden vor übermäßiger Bodenerosion.

Stoffkreislauf nach Umwandlung des Regenwaldes in landwirtschaftliche Nutzfläche:
- Nutzpflanzen entziehen dem Boden Mineralsalze, um zu wachsen und Früchte zu bilden.
- Die Mineralsalze werden mit den Früchten abtransportiert und gelangen nicht durch Zersetzung abgestorbener Pflanzenteile zurück in den Boden.
- Der Boden verarmt mehr und mehr an Mineralsalzen.
- Die dünne Humusschicht ist den täglichen Regengüssen fast schutzlos ausgesetzt und wird weggespült (Erosion).

2

a) Bei der Brandrodung für Wanderfeldbau wird ein Regenwaldstück abgebrannt, die Mineralsalze der abgebrannten Biomasse düngen den Boden und es werden Felder angelegt. Durch den Entzug von Mineralsalzen und durch Erosion wird der Boden zunehmend nährstoffärmer und nach wenigen Jahren kann er nicht mehr bepflanzt werden. Dann wird das Gebiet verlassen und ein neues Stück Regenwald brandgerodet.
b) Wenn nur kleine Flächen des Regenwaldes durch Brandrodung für den Wanderfeldbau genutzt werden und in langen zeitlichen Abständen, kann der umgebende Wald nach vielen Jahren das zerstörte Stück wieder besiedeln und der Schaden bleibt relativ gering. Heute ist die Gefährdung des tropischen Regenwaldes durch Brandrodung sehr groß, weil mithilfe von Maschinen sehr große Flächen gerodet werden und durch eine intensive und räumlich ausgedehnte landwirtschaftliche Nutzung dem Boden alle Nährstoffe entzogen werden. Die starke Zunahme der Bevölkerung ist dafür maßgebliche Ursache. Je größer der Schaden im Regenwald wird, umso mehr nimmt auch die Erosion zu und die Zerstörung beschleunigt sich. Die zerstörten Gebiete können sich nicht mehr vom Eingriff des Menschen erholen und verwüsten.

5.4 Vielfalt als Lebensgrundlage und wertvolle Ressource

Artenvielfalt als Teil der biologischen Vielfalt	**1** Abb. 1
Biologische Vielfalt ist wertvoll: (Wirtschaftlicher Wert, ökologischer Wert, Erholungswert, Zukunftswert, Eigenwert)	**2**
Vielfalt der Kulturpflanzen	**3** Abb. 2,3

1

Das (hierarchische) System von Linné ist ein Ordnungssystem von über- und untergeordneten Einheiten. Die Gliederungsstufen sind Reich, Stamm, Klasse, Ordnung, Familie, Gattung und Art. Jedes Lebewesen kann so den verschiedenen Gliederungsstufen zugeordnet werden, hier für die Amsel gezeigt.

2

a) Die biologische Vielfalt hat für den Menschen wirtschaftlichen Wert (z. B. Pflanzen als Nahrungs- und Futtermittel, Bestäubung durch Bienen), ökologischen Wert (z. B. Speicherung von Kohlenstoffdioxid, Freisetzung von Sauerstoff durch Fotosynthese), Erholungswert (z. B attraktive Landschaften für Touristen) und Zukunftswert (Bedeutung für zukünftige Generationen). Viele Menschen sprechen Lebewesen einen Eigenwert zu, unabhängig von ihrer Nützlichkeit für den Menschen.

b) Wirtschaftlicher Wert: z. B. Anbau verschiedener, auch „alter“ Obstsorten, verschiedene Hölzer aus Wäldern; ökologischer Wert: z. B. artenreiche Wälder und ihre Böden im Hügelland als Erosions- und Überschwemmungsschutz (Wasserspeicher); Erholungswert: vielfältige, artenreiche Wiesen und Wälder, abwechselnd mit Gewässer-Ökosystemen in Wandergebieten.
Der regionale Bezug ist gemäß Aufgabenstellung herzustellen.

3

a) Frühstück (ohne tierische Produkte): Kakao (Afrika), Corn-Flakes aus Mais (Mittelamerika), Brot aus Weizen (Naher Osten) mit Käse und Tomate (Mittelamerika) belegt. Mittagessen (hier ohne Fleischanteil): Kartoffeln (Südamerika) mit Erbsen (Europa) und Möhren (Zentralasien) als Gemüse, Salat aus Paprika und Bohnen (Mittelamerika); Banane (Südostasien) als Nachtisch. Abendbrot: Tee (Südostasien) mit Zucker aus Zuckerrübe (Europa), Brot aus Weizen (Naher Osten), mit Wurst und Gurkenscheiben (Mittelamerika).
b) Die „Zentren der Mannigfaltigkeit“ sind deshalb eine Schatzkammer, weil sie eine große Artenvielfalt und eine große genetische Vielfalt beherbergen. Das ist für die Pflanzenzüchtung sehr wichtig. Außerdem ist heute noch gar nicht abzusehen, welche Pflanzen zukünftig das Spektrum der Nutzpflanzen bereichern. Neu entdeckte Inhaltstoffe von Pflanzen könnten als Arzneimittel dienen.

M Basiskonzepte zum Thema „Evolutionäre Entwicklung“

–

6 Signale: senden, empfangen und verarbeiten

6.1 Vom Reiz zur Wahrnehmung

Einflüsse und Reize auf der Haut	Abb. 1
Was nehmen wir wahr? Begriffe: Reiz, adäquater Reiz, Reizstärke	1 Abb. 1,3
Die Sinneszellen in der Haut	2 Abb. 2,3
Technische Hilfsmittel Wie wirken diese?	2

1

- Sinneszellen ermöglichen die Wahrnehmung von Umgebungsreizen.
- Jede Sinneszelle reagiert nur auf einen adäquaten Reiz mit einer speziell passenden Reizart und Reizstärke.
- Sinneszellen mit ähnlichen Aufgaben sind in Sinnesorganen zusammengefasst.
- Sinneszellen wandeln Reize in elektrische Signale um, die von Nerven an das Gehirn weitergeleitet werden, wo die Wahrnehmung entsteht.
- Die Sinneszellen verschiedener Tierarten sind auf deren Lebensweise spezialisiert.

2

z. B.
- Kompass zur Messung des Magnetfeldes
- Fledermaus-Detektor zum Hörbarmachen von Ultraschalllauten
- Infrarot-Sichtgerät zum Sichtbarmachen von infraroter Strahlung
- Geigerzähler zur Messung radioaktiver Strahlung
- Thermometer zur genauen Messung von Temperaturschwankungen

3

a)

Sinneszelle	**adäquater Reiz**	**Beispiel für Alltagssituation**
Sinneszelle für Wärme	hohe Temperatur	warme Luft im Sommer
Sinneszelle für Kälte	niedrige Temperatur	Berührung von Schnee
Sinneszelle für Druck	mechanischer Druck	Begrüßung mit Handschlag
Sinneszelle für Hautbewegung	Dehnung der Haut	Bewegung der Haare durch Wind
Sinneszelle im Muskel für Dehnung	Dehnung des Muskels	Bewegen der Finger
Sinneszellen für Vibration	Vibration	Berühren eines schwingenden Musikinstruments
Sinneszellen für Druck und Schwingungen	Druck und Schwingungen	Gitarre spielen
Nervenendigung für Schmerz	Verletzung	Nadelstich

b) Die Wahrnehmung von Wärme und Kälte sind für den Menschen besonders wichtig, da alle Körperfunktionen an eine konstante Körpertemperatur gebunden sind. Um diese aufrecht zu halten, ist es wichtig, die Umgebungstemperatur wahrzunehmen und das Verhalten daran anzupassen, um den Körper vor Auskühlung oder Überhitzung zu schützen (z. B. Heizen im Winter, leichte Kleidung im Sommer). Extreme Hitze und Kälte sind für den Körper gefährlich und können z. B. die Haut zerstören.

c) Die Raumschwelle ist der Abstand zweier gleichstarker Druckreize, die gerade getrennt wahrgenommen werden. Sie ist für verschiedene Körperteile sehr unterschiedlich groß: Zungenspitze, Lippe und Fingerspitze haben besonders kleine Raumschwellen, d. h. zwei sehr nahe Druckreize werden einzeln wahrgenommen (< 5 mm). Zungenrand, Handfläche, Stirn und Handrücken können weniger gut Druckreize unterscheiden, hier ist die Raumschwelle größer (–35 mm). Besonders große Raumschwellen haben Rücken und Oberarm, hier werden zwei Druckreize erst dann getrennt voneinander wahrgenommen, wenn sie ca. 6,8 cm auseinander liegen.

Diese unterschiedliche Empfindlichkeit gegenüber nah beieinander liegenden Druckreizen steht im Bezug zu den Leistungen der Körperteile: Die Zunge muss sehr empfindlich sein, um Nahrung gut zu spüren und exakte Bewegungen beim Sprechen zu machen. Mit den empfindlichen Fingerspitzen tasten wir unbekannte Strukturen ab. Die Handfläche muss beim Greifen sehr viel feiner Druckpunkte auflösen können als der Handrücken. An Rücken und Oberarm muss keine genaue Wahrnehmung von Druckreizen erfolgen.

6.2 Das Auge

Bau des Auges Stationen des Sehens	1 Abb. 1
Versuch zum blinden Fleck	2 Abb. 3
Dämmerungssehen und Farbensehen	3 4a Abb. 2
Rot-Grün-Sehschwäche	3b 3c Abb. 4

1

Licht gelangt durch die Hornhaut ins Auge
↓
Licht wird durch die Pupille gelassen
↓
Licht wird durch die Linse gebrochen
↓
Licht gelangt durch den Glaskörper
↓
Licht trifft auf die Netzhaut
↓
Sehsinneszellen (Stäbchen und Zapfen) reagieren und senden elektrische Signale an Nervenzellen
↓
Nervenzellen senden elektrische Signale an Sehnervenzellen
↓
Sehnervenzellen senden die Information als elektrisches Signal an das Gehirn
↓
Im Gehirn entsteht die Seh-Wahrnehmung

2

a) Beim Fixieren des Kreuzes ist dieses scharf zu erkennen, Kreis und Rechteck wirken undeutlicher. Bei einem bestimmten Abstand zwischen Auge und Buch ist rechts nur noch der Kreis zu sehen, das Rechteck ist verschwunden. Wird der Abstand noch kleiner, so taucht das Rechteck wieder auf, dafür verschwindet der Kreis. Wenn das Buch direkt vor die Augen gehalten wird, sind beide Symbole wieder zu sehen.

Beim Fixieren des Kreuzes wird dieses auf der Netzhaut am gelben Fleck abgebildet, wo die Zapfen besonders dicht stehen, hier wird dadurch besonders scharf gesehen. Kreis und Kreuz sind weiter außen auf der Netzhaut abgebildet, wo die Sehsinneszellen weniger dicht stehen und werden weniger exakt wahrgenommen. Bei einem bestimmten Abstand zwischen Auge und Buch fällt Licht, das vom Rechteck kommt, genau auf den blinden Fleck, den Bereich auf der Netzhaut, an dem der Sehnerv das Auge verlässt. Da sich dort keine Sinneszellen befinden, wird die Lichtinformation nicht verarbeitet und man kann das Rechteck nicht wahrnehmen. Wenn der Abstand kleiner ist, werden Kreis und Rechteck an anderen Stellen der Netzhaut abgebildet, und nun trifft das Licht des Kreises genau auf den blinden Fleck – der Kreis wird nicht gesehen, während das Rechteck wieder sichtbar ist. Bei sehr kleinem Abstand sind beide Symbole ganz außen auf der Netzhaut abgebildet und sind für uns sichtbar.

Der Versuch ist ein Nachweis für den blinden Fleck.

Die genaue Beobachtung zeigt, dass, während der Kreis verschwindet, an dieser Stelle trotzdem etwas gesehen wird, nämlich rote Farbe. Dies ist darauf zurückzuführen, dass das Gehirn den durch den blinden Fleck unbekannten Teil rekonstruiert und sinnvoll ergänzt: Sinnvoll bedeutet hier, dass der rechts und links des blinden Flecks abgebildete rote Hintergrund auch in der Wahrnehmungslücke fortgesetzt wird.

b) Der Versuch funktioniert auch mit einer Abbildung in einer anderen Farbe. Die Existenz des blinden Flecks ist unabhängig vom Farbensehen, das durch die drei unterschiedlichen Zapfentypen vermittelt wird. Wird der Versuch mit einer Abbildung anderer Farbe durchgeführt, wird nochmals deutlich, dass das Gehirn die durch den blinden Fleck entstehende Wahrnehmungslücke durch die entsprechende Hintergrundfarbe ergänzt.

3

a) Abbildung 2 zeigt in einer Grafik die unterschiedliche Empfindlichkeit der drei Zapfentypen: blau-violett empfindliche Zapfen reagieren maximal auf Licht der Wellenlänge 450 nm, was blau-violetter Farbe entspricht. Grün-empfindliche Zapfen reagieren besonders empfindlich auf Licht mit einer Wellenlänge von 540 nm (grün-gelb) und rot-empfindliche Zapfen auf Licht der Wellenlänge 600 nm (rot).

Auf Licht mit Wellenlängen ähnlich zum Optimum reagieren alle Zapfen auch, aber zunehmend weniger empfindlich, der Empfindlichkeitsverlauf ist glockenförmig. Die Bereiche, in denen die Zapfentypen empfindlich sind, überschneiden sich teilweise, z. B. reagieren alle Zapfen auf blau-grünes Licht (500 nm), die grün-empfindlichen Zapfen sehr stark, beide anderen Typen nur sehr schwach. Jeder Farbe entspricht so ein bestimmtes Reaktionsmuster der drei Zapfentypen.

Auf UV-Licht, das kurzwelliger ist als 400 nm, reagieren keine Zapfen, dieses Licht bleibt für uns unsichtbar; gleiches gilt für Infrarot-Licht mit Wellenlängen über 660 nm.

b) Der grün-empfindliche Zapfentyp ist für grün-gelbes Licht zuständig, für das die anderen beiden Zapfentypen kaum empfindlich sind. Wenn dieser ausfällt, ist das Reaktionsmuster der Zapfen (insbesondere die Aktivität der Rot-Zapfen) bei rot und grün sehr ähnlich und ruft den gleichen Wahrnehmungseindruck hervor – die Farben können nicht eindeutig unterschieden werden. Besonders in einem Punktemuster (Abb. 4), das unterschiedliche Helligkeiten beinhaltet, und in dem die eingebettete Zahl nur durch ihre Farbinformation erkennbar ist und nicht durch ihren Kontrast, wird dies deutlich und die Rot-Grün-Schwäche wird offensichtlich.

c) Anders als die Punkte auf der Testtafel unterscheiden sich die rote und grüne Ampelfarbe nicht nur durch ihre Wellenlänge (Farbe), sondern auch durch ihre Helligkeit. Die Farben der Ampel können daher auch von Personen mit Rot-Grün-Sehschwäche unterschieden werden. Hinzu kommt, dass auf einer Ampel jeder Farbe eine bestimmte Position zugeordnet ist, die eindeutig die Anweisung (halten oder fahren) anzeigt.

4

Der fixierte Text wird auf der Netzhaut am Ort des schärfsten Sehens, dem gelben Fleck, abgebildet. Hier befinden sich v. a. Zapfen, die nicht besonders lichtempfindlich sind. Bei Dämmerung reicht das Licht nicht mehr aus, um die Zapfen anzuregen und die Buchstaben sind nicht mehr erkennbar. Die Gegenstände der Umgebung werden auf der Netzhaut am Rand abgebildet, hier befinden sich viele Stäbchen, die sehr lichtempfindlich sind und daher auch bei Dämmerung noch die Sehinformation vermitteln. Allerdings sind die Stäbchen unempfindlich für verschiedene Farben, und es erscheint alles gleich grau.

6.3 Die optische Wahrnehmung

Kontraste sehen	1	Abb. 1,6
Erkennen von Figuren mit dem Gehirn	2	Abb. 5,7
Erfahrungswerte bei der Wahrnehmung	3	Abb. 3,4
Räumliches Sehen	2	

1

Ohne Auflegen des Stiftes sieht man einen gleichmäßig grauen Kreis vor einem Hintergrund, der links schwarz ist und rechts weiß. Wenn ein Stift auf die Grenzfläche zwischen hell und dunkel gelegt wird, so erscheint der graue Halbkreis vor schwarzem Hintergrund plötzlich heller als der graue Halbkreis vor weißem Hintergrund. Der Stift trennt die beiden Hälften des Bildes und bewirkt, dass der Kreis nicht mehr als Einheit wahrgenommen wird. Das Gehirn verstärkt zur Wahrnehmung Helligkeitskontraste zwischen Objekt und Hintergrund: Das Grau vor Schwarz ist heller als sein Hintergrund und wird durch die Kontrastverstärkung des Gehirns noch heller wahrgenommen. Das Grau vor Weiß ist dunkler als sein Hintergrund und wird durch die Kontrastverstärkung des Gehirns noch dunkler wahrgenommen.
Diese Kontrastverstärkung des Gehirns findet nicht statt, wenn der Kreis ohne Unterbrechung als Einheit gesehen wird (ohne Stift), da unsere Erfahrung uns sagt, dass ein durchgehender Kreis eine einheitliche Farbe hat, unabhängig vom Hintergrund.

2

a) In Ausgangslage ist eine Ansammlung schwarzer Flecken zu sehen, die keine erkennbare Figur darstellen. Nach Drehen um 180° wird das Fleckenmuster als ein sitzender schwarz-weiß gefleckter Hund erkannt. Unser Gehirn konstruiert aus dem unvollständigen Sinneseindruck eine sinnvolle Figur, die wir aus unserer Erfahrung kennen.
b) Mit etwas Anstrengung kann auch in der Ausgangslage ein auf den Kopf gedrehtes Bild eines sitzenden Hundes gesehen werden. Hat man einmal das Bild des Hundes im Kopf, sieht man es immer wieder in dem Fleckenmuster und kann die ursprüngliche Wahrnehmung sinnloser schwarzer Flecken nicht wiederherstellen. Die Erfahrung und das Wissen beeinflussen jetzt die Wahrnehmung.

3

Die Abbildung 4 zeigt eine Figur, die unseren Erfahrungen widerspricht: Betrachtet man den rechten Teil, so interpretiert unser Gehirn die gezeichneten Linien als einen U-förmigen Gegenstand, dessen zwei Arme nach links gerichtet sind. Betrachtet man den linken Teil der Figur, so sieht man drei Stäbe von rechts nach links kommend; aus den anfänglich zwei Armen rechts sind links drei geworden. Eine solche Figur widerspricht unseren Erfahrungen und ist nicht logisch. Sie zeigt, dass unser Gehirn bei der Konstruktion eines Bildes aus geringer Information (wenige schwarze Linien) eine best mögliche Interpretation liefert, die in diesem Fall kein Ergebnis bringt, dass mit unserem Wissen und unserer Erfahrung vereinbar ist und uns daher irritiert.

6.4 Nervenzellen

Bau einer Nervenzelle		Abb. 1
Informationsübertragung an Synapsen	1	Abb. 3
Bedeutung von Axonen und Synapsen	3	Abb. 2,4
Wirkung von Narkose, Nervengas und Drogen	2	Abb. 3

1

a)

Ankommende elektrische Impulse im Endknöpfchen des Axons

↓

Ausschüttung von Transmittermolekülen in den synaptischen Spalt

↓

Binden der Transmittermoleküle an Rezeptoren der postsynaptischen Membran

↓

Auslösung eines elektrischen Impulses in der Zielzelle

b) Die Synapse als Verbindungsstelle zwischen zwei Nervenzellen ist in ihrem Aufbau und ihrer Funktion gerichtet: Auf der einen Seite, im Endknöpfchen, befinden sich Bläschen mit Transmittermolekülen, die ihren Inhalt bei ankommenden elektrischen Impulsen in den synaptischen Spalt ausschütten. Auf der anderen Seite des synaptischen Spalts befinden sich in der postsynaptischen Membran Rezeptoren, die die Transmitter der vorgeschalteten Nervenzelle binden. Die eine Zelle kann daher nur als Reaktion auf einen elektrischen Impuls Transmitter ausschütten, die andere als Reaktion auf die Bindung von Transmittern elektrische Impulse generieren; die Informationsübertragung findet also immer in die gleiche Richtung statt.

2

a) Narkosestoffe können z. B. dadurch wirken, dass sie Rezeptoren der postsynaptischen Membran blockieren und damit verhindern, dass Transmittermoleküle binden und elektrische Signale ausgelöst werden. Die Weiterleitung des Nervenimpulses wird dadurch verhindert und damit z. B. die bewusste Wahrnehmung ausgeschaltet.
b) Die Enzyme im synaptischen Spalt sind dafür zuständig, Transmittermoleküle abzubauen und damit unwirksam zu machen. Wenn diese Enzyme durch Nervengase blockiert sind, bleiben die Rezeptoren unkontrolliert aktiviert, ohne dass an der vorgeschalteten Zelle elektrische Signale die gezielte Transmitterauschüttung auslösen und es werden in der Zielzelle kontinuierlich elektrische Impulse ausgelöst. Es kommt zu einer Daueraktivierung und damit zum Verlust der Information.
c) Drogen, die wie Transmittermoleküle den Rezeptor aktivieren, bewirken in der Zielzelle elektrische Impulse, auch ohne eine Aktivierung der vorgeschalteten Zelle, bzw. sie verstärken die postsynaptische Reaktion auf einen leichten Reiz. Es kann daher z. B. zur Verstärkung von Gefühlszuständen oder zu Falsch-Wahrnehmungen wie Halluzinationen kommen.

3

a) $10^{14} / (3 \times 10^{10}) = 3333{,}3$
Durchschnittlich hat jede Nervenzelle 3333 Synapsen.
b) Bei einer max. Leitungsgeschwindigkeit von 120 m/s, benötigt die Weiterleitung eines Impulses über eine Strecke von 80 cm 6,7 ms (120 m/s → 0,0083 s/m → 0,0067 s/80 cm).

6.5 Das Gehirn

–

6.6 Nervensysteme im Körper

Nervensysteme im Körper	Abb. 1,2
Das autonome Nervensystem	1 Abb. 4
Funktionsweise des Parasympathikus	2 Abb. 4
Querschnittslähmung	3 Abb. 4

1

a) Der Sympathikus bewirkt Veränderungen in den Organen, die zum großen Teil mit einer erhöhten Leistungsbereitschaft zusammenhängen: Die Bronchienweite nimmt zu, sodass die Atmung effektiver wird und mehr Sauerstoff aufgenommen wird. Die Herzaktivität nimmt zu, wodurch mehr Blut durch den Körper gepumpt wird; auch die Pupillen werden bei erhöhter Leistungsbereitschaft erweitert. Die Magen-, Darm- und Bauchspeicheldrüsenaktivität und auch die Speichelbildung nehmen ab, in einer akuten Leistungssituation ist die Verdauung eher unwichtig. Der Blutzuckerspiegel steigt, sodass mehr Zucker für die Energiegewinnung in der Zellatmung verfügbar wird.
Andere Funktionen des Sympathikus wie die verminderte Nierenfunktion, Blasenentleerung und verringerte Erregung der Geschlechtsorgane sind nicht direkt mit einer Leistungssteigerung verbunden.
b) Angst und Stress fördern die Aktivität des Sympathikus. Bei häufiger oder andauernder Erregung des Sympathikus werden die von ihm kontrollierten Organe dauerhaft beeinflusst, was Beschwerden hervorrufen kann. Z. B. kann sich eine dauerhafte Sympathikusaktivität auf das Herz auswirken, dessen Aktivität ohne akuten Anlass dauerhaft erhöht ist, oder auf Magen und Darm, deren Aktivität unter Sympathikuseinfluss vermindert ist und es so zu Verdauungsstörungen kommen kann.

2

Der Parasympathikus wirkt hemmend auf die Herzaktivität. Wenn er betäubt wird, so hat dies durch die ausbleibende Hemmung eine Erhöhung der Herzfrequenz zur Folge. Bei Stress wird der Sympathikus aktiviert, was sich zusätzlich in einer weiteren Erhöhung der Herzfrequenz äußert.
Der Parasympathikus bewirkt eine Verkleinerung der Pupillenweite, sein Gegenspieler, der Sympathikus, bewirkt eine Pupillenerweiterung. Wenn der Parasympathikus betäubt wird, so überwiegt die Aktivität des Sympathikus und die Pupille des Auges erweitert sich.

3

Wenn die Nerven des Rückenmarks durchtrennt sind, ist die Bewegung der Körperteile unterhalb der Verletzung nicht mehr möglich, weil die motorischen Nerven, die vom Gehirn kommen und die Muskeln ansteuern, zerstört sind. Die Nervenfasern des Parasympathikus, die Herz, Lunge, Magen und Darm kontrollieren, verlassen das Rückenmark schon oberhalb der Halswirbelsäule. Bei einer Querschnittslähmung im Brustbereich sind sie daher nicht betroffen und die Organe funktionieren normal. Die Blase wird dagegen von Fasern des Parasympatikus kontrolliert, die erst im Bereich des Beckens aus dem Rückenmark austreten, diese sind nach der Querschnittslähmung vom Gehirn abgeschnitten und die Blase kann nicht mehr kontrolliert werden.

6.7 Reiz – Reaktion

Bau einer Nervenzelle	Abb. 1
Informationsübertragung an Synapsen	1 Abb. 3
Bedeutung von Axonen und Synapsen	3 Abb. 2,4
Wirkung von Narkose, Nervengas und Drogen	2 Abb. 3

1

(E) = Entsprechung zum Eingabe-Prinzip im Computer
(V) = Entsprechung zum Verarbeitungs-Prinzip im Computer
(A) = Entsprechung zum Ausgabe-Prinzip im Computer

- Sehen des Balles (E)
- Einschätzung der Größe, Schwere und Geschwindigkeit des Balles (V)
- Verfolgen der Bewegung des Balles und gedankliches Weiterverfolgen der Flugbahn, Berechnung des voraussichtlichen Ort des Auftreffens (E, V)
- Laufen zur Stelle des vermuteten Auftreffens (A)
- Heben der Arme (A)
- Halten der Hände in der richtigen Position und im richtigen Abstand (V, A)
- Bei Auftreffen des Balls Kraftaufwendung mit den Händen entgegen der Flugrichtung des Balles (A)
- Gleichzeitig schnelles Zusammenführen der Hände, um Ball festzuhalten (A)
- Bei fest geworfenem Ball gleichzeitig leichtes Beugen der Beine und Ausgleichsbewegung, um den Schwung abzufangen und den Stand zu stabilisieren (A)

Das Fangen eines Balles stellt ein gutes Beispiel einer Reaktion dar, die die Aufnahme von Sinnesinformation (E), die Verarbeitung im Gehirn und den Vergleich mit Erfahrungen und Wissen (V), sowie eine motorische Reaktion durch gezielte Aktivierung von Muskeln (A) erfordert.

2

Verkehrssituation (Autofahrer), Abb. 1:

Auftauchen der Jugendlichen im Sehfeld
↓
Reizung der Lichtsinneszellen
↓
Reizleitung durch sensorische Nerven zum Gehirn
↓
Verarbeitung der Informationen im Gehirn
↓
Befehlsausgabe für die Vorgänge zum Bremsen und eventuell Ausweichen
↓
Reizleitung durch motorische Nerven zu den Muskeln des Beins und des Fußes (Bewegung zum Betätigen des Bremspedals) und eventuell der Arme und Hände (Ausweichmanöver)
Nachregulieren in gleicher Weise bei Veränderung der Einschätzung (Verarbeitung im Gehirn) aufgrund der ständigen Informationen aus dem Auge.

Kniesehnenreflex, Abb. 2:

Schlag auf Muskel im Oberschenkel
↓
Reizung der Dehnungssinneszellen
↓
Reizleitung durch sensorische Nerven zum Rückenmark
↓
Umschaltung auf motorische Nerven
↓
Kontraktion des Strecker-Muskels
↓
Streckung des Beines

3

a) –
b) z. B.
Verminderte Aufmerksamkeit und Konzentration, motorische Ungeübtheit / schlechte Beweglichkeit der Finger, Sehschwäche, Alkohol- und Drogeneinfluss

6.8 Lernen und Gedächtnis

Modell zum Gedächtnis	4 Abb. 3
Alltagssituation	3
Merktest	1 2 Abb. 1,2
Lernen im Alltag	5 6

1

In Abb. 1 sind den Begriffen Bilder zugeordnet, die diese direkt darstellen. Dies erleichtert das Merken im Vergleich zum geschriebenen Wort alleine, da sich zusätzlich ein Bild im Gedächtnis einprägt. In Abb. 2 sind die zugeordneten Bilder nicht einfach Darstellungen des geschriebenen Begriffs, sondern einer Situation. Die dargestellten Situationen sind sehr einprägsam, da sie unsere Gefühle ansprechen, Gefahr, Angst, Schrekken, Schmerz, Unglück etc. vermitteln. Durch die Verknüpfung mit einer gefühlsmäßig eindrücklichen und befremdlichen Situation kann der Begriff noch besser behalten werden als durch die reine Verbildlichung von Abb. 1. Dies hängt auch damit zusammen, dass der Hippocampus, der im Gehirn eine Schlüsselstellung bei Gedächtnisvorgängen einnimmt, eng mit Gefühlsempfindungen verbunden ist.

2

–

3

Im Langzeitgedächtnis wird Information immer zusammen mit den bei der Informationsaufnahme erlebten Eindrücken gespeichert. Beim Zurückkehren an den Ausgangspunkt wird die Erinnerung an den Ort und die Situation aus dem Gedächtnis aufgerufen, mit dem auch das in dieser Situation gefasste Vorhaben der Erledigung verknüpft ist, das einem deshalb plötzlich wieder einfällt.

4

a) Filter: Sinnesorgane und angeborene, automatisch ablaufende Filtermechanismen
Glasscheibe: Arbeitsgedächtnis
Beweglicher Filter: Filterung beim Übergang vom Arbeits- in das Langzeitgedächtnis (Hippocampus beteiligt), abhängig von Wiederholung, Gefühlen, Belohnung und Aufmerksamkeit
Fotoplatte: Langzeitgedächtnis

b) Die Sinnesorgane und angeborene, automatisch ablaufende Filtermechanismen werden im Modell recht gut dargestellt, da diese Filter relativ statisch sind, wie auch die dargestellte durchlöcherte Holzplatte. Es wird richtig symbolisiert, dass nur bestimmte Anteile der Umwelt über Sinnesorgane wahrgenommen werden und nur ein kleiner Teil der Signale der Sinnesorgane vom Gehirn weiterverarbeitet wird.
Eine wichtige Eigenschaft des Arbeitsgedächtnisses ist seine begrenzte Speicherkapazität, diese wird durch die Darstellung als Glasplatte nur schlecht symbolisiert, da eine Glasplatte Licht (entspricht Information) nicht speichern kann und es ungefiltert durchlässt.
Die Filterung beim Übergang vom Arbeits- in das Langzeitgedächtnis mit dem Hippocampus als „Tor zum Langzeitgedächtnis“ ist gut durch den beweglichen Filter (durchlöcherte Holzplatte, die verschoben werden kann) symbolisiert: Je nach Fokus der Aufmerksamkeit, Intensität der Verarbeitung durch Wiederholung, Verknüpfung mit Gefühlen und Belohnung wird der Informationsfilter im Gehirn so angepasst, dass die relevanten Informationen in das Langzeitgedächtnis weitergegeben werden.
Das Langzeitgedächtnis ist gut als Fotoplatte verbildlicht, auf der die Information (symbolisch Licht) eine dauerhafte Veränderung bewirkt. Information, die bis in das Langzeitgedächtnis gelangt, kann so über lange Zeit gespeichert werden, so wie ein Foto dauerhaft ein Abbild der Umwelt festhält. Allerdings ist die Speicherkapazität des Langzeitgedächtnisses fast unbegrenzt, was im Modell nicht dargestellt ist, da eine Fotoplatte nur begrenzt Platz zur Belichtung hat.

5

Aufmerksamkeit, Motivation und Fleiß beeinflussen den Übergang von aufgenommener Information vom Arbeitsgedächtnis in das Langzeitgedächtnis.

Aufmerksamkeit wirkt dabei auf verschiedenen Ebenen und bildet einen wichtigen Filter zur Auswahl der relevanten Informationen zur bewussten Wahrnehmung und der Speicherung im Langzeitgedächtnis (Beispiele für selektive Aufmerksamkeit: Fokussierung auf ein Gespräch in lauter Umgebung, Schauen „aus dem Augenwinkel").
Motivation ist ein Gefühl, das durch Belohnung und Zuwendung verstärkt wird und den Vorgang der Aufnahme von Information in das Langzeitgedächtnis begünstigt und das Lernen verbessert.
Fleiß wirkt sich positiv auf den Lernvorgang aus, da die intensive Beschäftigung mit dem Lerninhalt, seine häufige Wiederholung und Beleuchtung unter verschiedenen Aspekten die Aufnahme in das Langzeitgedächtnis erleichtert.

6

Z. B.
- zu lernende Informationen häufig wiederholen und unter verschiedenen Apsekten beleuchten
- neue Inhalte in bereits vorhandenes Wissen einordnen
- mit anderen Menschen zusammen lernen
- beim Lernen eine positive Gefühlsatmosphäre schaffen
- genug schlafen

6.9 Erkrankungen des Nervensystems

Morbus Alzheimer	**1** Abb. 3,5
Parkinson-Krankheit	**2** Abb. 4
Depressionen	**3** Abb. 1,6

1

a) Bei einem gesunden Menschen ist das ganze Gehirn gut durchblutet (warme Farbtöne in Abb. a), die schwarzen Bereiche in Abb. a stellen flüssigkeitsgefüllte Hohlräume des Gehirns dar. Bei einem Alzheimer-Erkrankten (Abb. b) ist das Gehirn schlechter durchblutet und das Gehirn ist verkleinert (mehr schwarze Bereiche).
b) Mit zunehmendem Fortschreiten der Erkrankung werden die Selbstportraits abstrakter und undeutlicher, bis zur Unkenntlichkeit; die Farben werden zunehmend dunkler. Ursache ist das bei der Alzheimer-Erkrankung auftretende Absterben von Nervenzellen, die verminderte Durchblutung des Gehirns und ein gestörter Informationsaustausch zwischen den Nervenzellen, wodurch es nicht nur zu Vergesslichkeit, sondern auch zu Orientierungsstörungen und einer grundsätzlich veränderten Wahrnehmung kommt. Dies äußert sich auch in der abnehmenden Fähigkeit, sich selbst wahrzunehmen und das Selbstbild malerisch darzustellen, wie in den Bildern deutlich wird. In diesen zeigen sich außerdem die zunehmende Isolation und das Leid des Malers.

2

Die Schriftprobe des Gesunden zeigt einen flüssigen, gleichmäßigen Schreibstil. Dagegen ist die Schrift des Parkinson-Erkrankten zittrig und ungleichmäßig. Der Patient benötigt wesentlich mehr Zeit zum Schreiben als der Gesunde. Das Zittern der Hände ist neben anderen Bewegungsstörungen und Verlangsamtheit eines der Symptome der Parkinson-Krankheit, die durch einen Dopamin-Mangel im Gehirn hervorgerufen wird.

3

a)
- Antriebslosigkeit
- Traurigkeit
- Mutlosigkeit
- Erschöpfung
- zunehmende Isolation
- mangelndes Selbstvertrauen

b) Im Gemälde stellt der Maler große Angst dar. Die weit aufgerissenen Augen, der geöffnete Mund und die an den Kopf greifenden Hände zeigen die große Verzweifelung des dargestellten Mannes. Verstärkt wird dies durch die grellen Farben der verschwimmenden, wilden Umgebung. Der Mann scheint in seiner Angst gefangen und ihr hilflos und allein ausgesetzt.

7 Krankheitserreger erkennen und abwehren

7.1 Bakterien

Bau von Bakterien	Abb. 1,2
Vermehrung von Bakterien durch Zweiteilung	**2** Abb. 4
Wachstum von Bakterienkulturen, Einfluss der Temperatur	**3** Abb. 4,5
Durch Bakterien ausgelöste Krankheiten	**1** Abb. 3

1

a) Cholera und Typhus werden durch verunreinigtes Trinkwasser übertragen. Nach Naturkatastrophen bricht die Trinkwasser- und Abwasserversorgen oft zusammen, da Leitungen zerstört sind, und das Übertragungsrisiko für Cholera und Typhus steigt.

b) Die Inkubationszeit ist die Zeit zwischen Infektion und Ausbruch der Krankheit. In dieser Zeit merkt der Infizierte noch nichts, kann die Erreger aber bereits z. B. durch Tröpfcheninfektion oder über das Wasser auf andere übertragen. Es ist daher besonders wichtig, immer, auch wenn noch keine Anzeichen von Erkrankungen zu bemerken sind, auf Hygiene zu achten, um verborgene Masseninfektionen zu vermeiden.

2

a) Die Berechnung erfolgt nach der Formel Anzahl = 2^n, wobei n für die Anzahl an Teilungsschritten steht: nach 0,5 Stunden ist n = 1; nach 1 Stunde ist n = 2; nach 1,5 Stunden ist n = 3 usw.
In 24 Stunden finden 48 Teilungsschritte statt: Anzahl = $2^{48} = 2{,}8147 \times 10^{14}$.

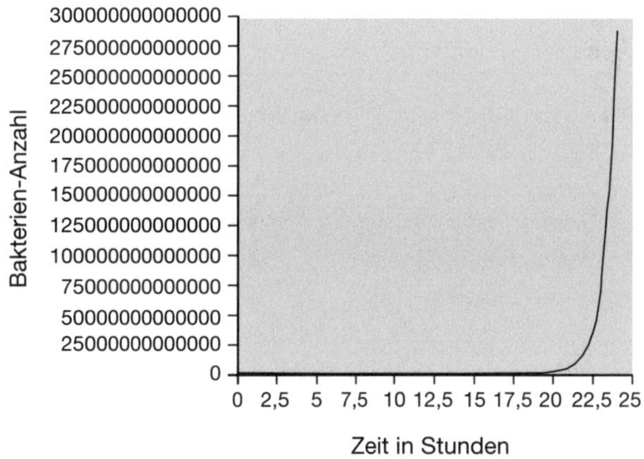

b) Die Bakterienvermehrung kommt zum Stillstand, wenn Platz- oder Nahrungsmangel auftreten oder wenn die Temperatur sehr niedrig ist (bei zu hoher Temperatur sterben Bakterien ab).

3

Das Flusswasser wird gut durchmischt und es wird eine Probe entnommen, z. B. ein Milliliter Wasser. Diese Probe wird nun unter dem Mikroskop betrachtet, wobei darauf geachtet werden muss, dass die Bakterien unter dem Deckglas fixiert sind. Nun kann genau gezählt werden, wie viele Bakterien sich in diesem ml Flusswasser befinden. Anschließend kann hochgerechnet werden, wie viele Bakterien sich in einem Liter Flusswasser befinden.

7.2 Antibiotika

Entdeckung der Antibiotika	Abb. 4
Entdeckung der Antibiotika	1 Abb. 1–3
Resistenzbildung durch Mutationen	2 Abb. 5
Probleme bei häufigem Antibiotikaeinsatz	3

1

Abbildung 1 zeigt eine Petrischale mit Nährboden. In der Mitte der Petrischale sieht man einen Schimmelpilz, der sich ausbreitet. Der Nährboden um den Schimmelpilz ist klar; dort sind keine Bakterien gewachsen. Bakterienwachstum findet man nur am äußersten Rand der Petrischale.
Der Schimmelpilz gibt ein Antibiotikum in den Nährboden ab. Das Antibiotikum diffundiert auch in die angrenzenden Bereiche des Medium und verhindert dort das Bakteriumwachstum. Nur an den äußeren Bereichen, wo kein Antibiotikum ist, können sich die Bakterien vermehren.

2

a) Mehrere Petrischalen werden mit Nährboden gefüllt; einige von ihnen enthalten zusätzlich ein Antibiotikum im Nährboden. Eine Petrischale mit Bakterien (ohne Antibiotikum) wird mittels der Stempeltechnik auf drei Petrischalen ohne Antibiotikum überführt und anschließend für 48 Stunden inkubiert. Nach dieser Zeit sind auf allen drei Petrischalen Bakterien gewachsen; die Anordnung entspricht der ersten Petrischale, da durch den Stempel die Bakterien 1:1 übertragen werden. Eine Petrischale wird wiederum mittels Stempel auf Nährboden mit und ohne Antibiotikum übertragen und inkubiert. Die Petrischale ohne Antibiotikum zeigt die Bakterien wie auf der ersten Petrischale. Auf dem Nährboden mit Antibiotikum sind keine Bakterien gewachsen; das Antibiotikum hat dies verhindert, da diese Bakterien nicht resistent gegen das Antibiotikum sind.
Die beiden anderen Petrischalen werden mit UV-Licht bestrahlt. Hierbei kommt es zu Mutationen in der DNA der Bakterien. Auch diese Bakterien werden mittels Stempel übertragen und inkubiert. Die Petrischale ohne Antibiotikum zeigt wiederum Bakterienwachstum wie die ursprüngliche Petrischale. Die beiden Petrischalen mit Antibiotikum zeigen jedoch Bakterienkolonien. Dies kommt daher, dass durch die Bestrahlung Mutationen erfolgt sind, die dazu führen, dass die Bakterien resistent gegen das Antibiotikum geworden sind. Die unterschiedliche Anordnung der Bakterien in den beiden Petrischalen ist durch die Zufälligkeit der Mutationen zu erklären.
b) Die Bedingungen in den Petrischalen sind vergleichbar. Wie auch in Abbildung 1 zu sehen ist, wurde auch in den Petrischalen bei FLEMING das Bakterienwachstum durch eine Antibiotikum-Abgabe des Schimmels unterbunden bzw. die Bakterien abgetötet.

3

Durch die Gabe von Antibiotika und der sehr häufigen Mutationsrate bei Bakterien können schnell resistente Bakterien entstehen. Bei ihnen wirkt das Antibiotikum nicht mehr; die Krankheit kann mit diesem Antibiotikum nicht mehr geheilt werden. Daher muss die Medizin ständig neue Wege suchen, manchen Krankheiten zu begegnen. (Kann vom Schüler nicht erwartet, aber vom Lehrer angesprochen werden: Außerdem werden durch die Antibiotikum-Gabe auch ungefährliche Bakterien getötet; damit unterliegen die resistenten Bakterien einer geringeren Konkurrenz.)

7.3 Viren

Thema	Lösung
Viren und ihre Vermehrung	**1** Abb. 1,2
Sind Viren Lebewesen?	**3**
Krankheiten durch Viren	**2** Abb. 3
Vermischung von Viren	**4** Abb. 4,5

1

Anheftung des Virus an die Wirtszelle (über Glykoprotein/Glykoprotein-Interaktion) → Verschmelzung der Hüllmembran des Virus mit der Wirtzellmembran und damit → Eindringen in die Wirtszelle → Auflösung des Kapsids des Virus und damit → Freilegung der Erbinformation des Virus → Einbau der Virus-Erbinformation in die Wirtszellen-Erbinformation im Zellkern → Umprogrammierung der Erbinformation und → Produktion von Virus-Bestandteilen → Zusammensetzung der Virusbestandteile und gleichzeitig Einbau der Hüllmembran-Bestandteile in die Wirtszellenmembran → Ausschleusung der Viren, Umhüllung mit der Hüllmembran → Auflösung der Membran der Wirtszelle → Tod der Wirtszelle

2

Scharlach und Keuchhusten werden durch Bakterien hervorgerufen. Diese Krankheiten lassen sich durch Gabe von Antibiotika behandeln, da die Bakterien nicht resistent sind. Im Gegensatz dazu sind Windpocken und Masern viruell verursachte Krankheiten; Antibiotika zeigen bei Viren keine Wirkung, da viele Antibiotika in den Stoffwechsel eingreifen; Viren haben keinen eigenen Stoffwechsel. Des Weiteren sind Oberflächen-Antibiotika oft nicht wirksam, da sich die Oberflächenstruktur und -zusammensetzung von Viren oft ändert.

3

Viren sind keine Lebewesen, da sie nicht alle Kennzeichen von Lebewesen erfüllen. Zum Beispiel haben Viren keinen eigenen Stoffwechsel und können sich nicht aktiv fortbewegen.

4

a) Vermischen sich in einem dritten Wirt ein Virus, dass eigentlich nur eine Art befällt, mit einem Virus, dass den Menschen befällt, kann in der Folge dieser Vermischung der „tierische" Virus auch auf den Menschen übergehen und von ihm auf andere Menschen übertragen werden.

b)

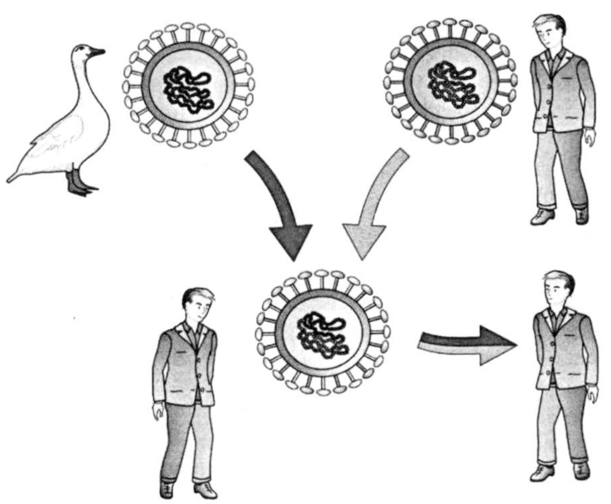

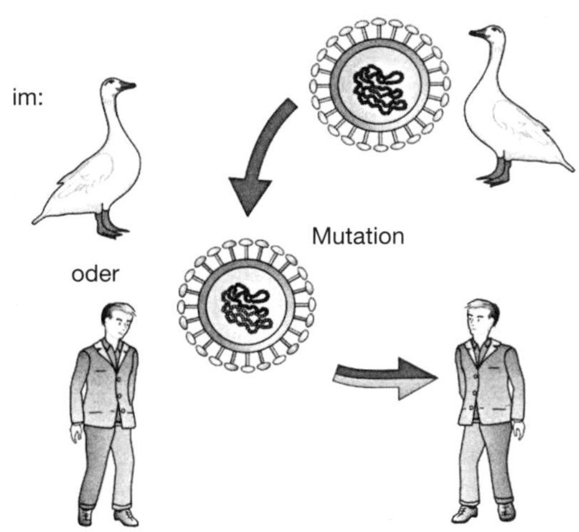

Im ersten Fall erfolgt die Vermischung nicht in einem anderen Tier, wie zum Beispiel dem Schwein, sondern in einem Menschen, der gleichzeitig von dem auf den Vogel und dem auf den Menschen spezialisierten Virus infiziert wurde.

Im zweiten Fall trat bei dem auf den Vogel spezialisierten Virus eine Mutation ein, die es ihm ermöglicht, auch von Mensch zu Mensch übertragen zu werden. Eine solche Mutation kann in dem Tier oder auch in einem infizierten Menschen auftreten.

7.4 Aids

Was ist AIDS, Verlauf der Krankheit	1 Abb. 1,2,4
Übertragungswege von HIV und Prävention	2c
Umgang mit HIV-infizierten Menschen	2a 2b
Gesellschaftliche Aspekte von HIV	3 4

1

a) Die relative HIV-Konzentration ist einige Monate nach der Infektion recht hoch. Das Immunsystem versucht, die Viren zu bekämpfen (die Konzentration sinkt), jedoch werden nicht alle Viren zerstört. Über die Jahre steigt die Konzentration immer mehr an, da sich die Viren mit jeder Zellteilung der T-Helferzellen vermehren. Im Gegensatz dazu wird über die Jahre die Anzahl/Konzentration der T-Helferzellen immer geringer, da sie durch die massenhafte Vermehrung des Virus absterben.

b) Ein Test unmittelbar nach der Infektion mit HIV ist nicht aussagekräftig, da die Konzentration der HI-Viren nicht ausreicht, um ihn im Blut nachzuweisen bzw. noch nicht ausreichend Antikörper für einen Nachweis gebildet wurden.

2

a) Mögliche Gründe: die Angst vor einer Ansteckung mit dem Virus; die Unwissenheit über die Ansteckungswege und die wirkliche, „potenzielle" Gefahr einer Ansteckung im normalen Zusammenleben; die Angst vor der Gewissheit, nach einer Infektion an Aids zu sterben; die Angst vor der privaten, sozialen und beruflichen Isolation nach einer Infektion (beziehungsweise nach deren „Bekanntgabe")

b) Zum Beispiel: Angst, dass die Infektion bekannt wird; die Angst vor der Krankheit (Siechtum und Tod) kann die Lebensfreude trüben, zu Depressionen führen. Einschränkungen beim Eingehen einer Partnerschaft, Isolation (selbst verursacht oder, wenn die Krankheit bekannt wird, durch die Umwelt)

c) Keinen ungeschützten Geschlechtsverkehr (also nie ohne Kondom, erst recht bei „unbekannten" Partnern); Spritzen bei Drogenkonsum nicht mehrfach verwenden und/oder mit anderen teilen; Vorsicht bei möglichen Blut/Blut-Kontakten; nach einem (sexuellen) Partnerwechsel und vor Beginn einer neuen Partnerschaft einen HIV-Test machen (Zeitpunkt der Tests nach dem letzten sexuellen Kontakt beachten); das Thema in einer neuen Partnerschaft offen mit den Partner besprechen

3

a) In allen angegebenen Regionen ist der Prozentsatz der HIV-Infizierten in der Bevölkerung größer als in Deutschland. Extrem stark betroffen ist das südliche Afrika, mit Abstand gefolgt von der Karibik. In allen Regionen einschließlich Deutschland ist die Zahl der Neuinfektionen in 2005 größer als die Zahl der AIDS-Toten, die Zahl der Infizierten also steigend. In den vergangenen Jahren ist die Tendenz bei den Infizierten sehr unterschiedlich. Während Ozeanien offenbar große Erfolge bei der Bekämpfung aufweist, ist die Tendenz in Südostasien und Nordamerika/West- und Zentraleuropa ständig steigend. Auch in Deutschland steigt die Zahl an.

Bei ambitionierten Schülern können Bezüge zu kulturellen Gegebenheiten zum Beispiel vorherrschende Religionen, gelebte Partnerschaftsmodelle und Mentalitäten hergestellt werden, ebenso mit der wirtschaftlichen und sozialen Lage der Regionen.

b) Mögliche Antworten: Enorme Behandlungskosten, soweit eine Behandlung überhaupt möglich ist. Durch die hohe Anzahl der Infizierten ist die Ansteckungsgefahr auch besonders hoch, soweit nicht absolute Vorsicht angewandt wird. Durch die hohe Zahl der Infizierten ist auch eine hohen Krankheitsrate zu erwarten → Ausfall von Arbeitszeit und damit niedriger Ertrag in der Landwirtschaft und Industrie. Durch vorzeitigen Tod viele Waisen und Halbweisen, die versorgt werden müssen oder die zugrunde gehen. Die Altersstruktur ist wahrscheinlich völlig atypisch → viele Kinder und junge, aber kranke Erwachsene, weitgehendes Fehlen der mittleren Generation.

4

Die Dunkelziffer der Infizierten ist vermutlich deutlich höher. Nicht alle Menschen lassen sich testen, um Gewissheit zu haben. Vor allem in den Entwicklungsländern wird die Anzahl deutlich höher liegen, weil häufig keine Kenntnis über die Krankheit in der Bevölkerung vorhanden ist und möglicherweise keine Testmöglichkeiten und ein Melde- und Erfassungssystem bestehen.

7.5 Das Immunsystem

–

7.6 Abwehr von körperfremden Stoffen

Die Verteidigungslinien der Körperabwehr	**1** Abb. 1,2
Organtransplantationen	**2**a Abb. 3,4
Ethische Aspekte der Organtransplantationen	**2**b Abb. 5
Stress und Immunsystem	**3** Abb. 6,7

1

Es gibt drei Verteidigungslinien beziehungsweise Bestandteile des Immunsystems: mechanische Barrieren, die unspezifische Abwehr und die spezifische Abwehr.
Durch die mechanischen Barrieren soll verhindert werden, dass die Krankheitserreger überhaupt in den Körper eindringen; Beispiele sind die Haut, mit ihrem natürlichen Schutzmantel aus Schweiß und Talg, oder die Schleimhäute, mit Schleim- und/oder Säureabgabe und Flimmerhärchen.
Zur unspezifischen Abwehr gehören die Fresszellen und Entzündungsstoffe. Sie zirkulieren im Blut; wenn Krankheitserreger in den Körper gelangt sind, bekämpfen sie zuerst die Erreger.
Die T- und B-Zellen sind Bestandteil der spezifischen Abwehr. Sie bilden Antikörper und Gedächtniszellen, die auch bei einer weiteren Infektion wichtig sind.

2

a) Am ehesten kommt der Spender mit Organ 3 in Frage. Er weist die größte Übereinstimmung der MHC-Marker zum Empfänger auf. Organ 1 und 2 besitzen MHC-Marker, die der Empfänger nicht besitzt; das Immunsystem würde diese Organe als fremd erkennen und es würde zur Abstoßungsreaktion kommen.
b) Der Bedarf an Organen, die transplantiert werden müssten, ist weitaus größer als Organe zur Verfügung stehen. Ursachen hierfür sind, dass in der Regel Organe von Verstorbenen genutzt werden; Lebendspenden sind eher selten. Ein weiterer Grund liegt in der notwendigen, großen Übereinstimmung der MHC-Marker zwischen Empfänger und Spender, damit es nicht zu Abstoßungsreaktionen kommt.

Auch entscheiden sich viele Menschen nicht für einen Organspendeausweis, sodass diesen Menschen nur nach Zustimmung der nächsten Angehörigen nach deren Tod Organe entnommen werden darf. Schwierig ist in diesem Fall jedoch, die Angehörigen in einer solchen Situation mit dieser Entscheidung zu konfrontieren.
Abbildung 5 zeigt nochmals deutlich, wie groß der Bedarf an Organen ist. Obwohl im Jahr 2004 in den ersten fünf Monaten 789 Nieren transplantiert wurden, liegt die Wartezeit für eine Spenderniere bei drei bis fünf Jahren. Aus ethischer Sicht ist es sinnvoll, einen Organspendeausweis mitzuführen. Die Vorstellung, dass der eigene Körper nach dem Tod als „Ersatzteillager" verwendet wird, hält viele Menschen davon ab. Auch Gleichgültigkeit spielt sicher eine große Rolle. Wichtig ist Aufklärung über die Problematik (jeder kann selbst einmal betroffen sein). Auch gesetzliche Maßnahmen, wie zum Beispiel die Erlaubnis, bei allen Toten Organe zu entnehmen, bei denen kein ausdrückliches Verbot durch den Menschen zu Lebzeiten oder den Angehörigen vorliegt, sind zu diskutieren.

3

Abbildung 7 zeigt die Änderung der Vermehrungsrate der Lymphozyten (als Maß der Aktivität des Immunsystems) vor und nach einem einschneidenden Erlebnis, in diesem Fall eine schwere Krankheit und Tod des Ehepartners. Man sieht deutlich, dass die Vermehrungsrate nach dem Tod des Ehepartners stark gesunken ist und sich im Lauf der folgenden Monate nur langsam erhöht. In dieser Zeit wird der Mensch vermutlich infektanfälliger sein (aufgrund weniger Lymphozyten). Dieses Ereignis wird nach Abbildung 6 mit einem Stresswert von 100 benannt. Es ist davon auszugehen, dass die Vermehrungsrate der Lymphozyten auch bei den anderen Ereignissen in Abbildung 6 stark zurückgehen werden; vermutlich nicht so tief sinken und eventuell auch wieder schneller den Normalwert erreichen, je nach dem wie hoch der Stresswert des Ereignisses für die Person ist.

7.7 Immunisierung

Geschichte der Impfung	Abb. 1
Vergleich von aktiver und passiver Immunisierung	**1** Abb. 2
Versuche von Pasteur	**3** Abb. 4
Immunantwort bei einer Infektion	**2** Abb. 3
Wirkung von Impfungen am Beispiel der Kinderlähmung und Pocken	**4** Abb. 1,5
Anwendung der passiven Immunisierung	**5** Abb. 2

1

a)

Merkmal	**aktive Immunisierung**	**passive Immunisierung**
Zeitpunkt der Gabe des Impfstoffs	vor einer Infektion	nach einer Infektion
Impfstoff	Lebendimpfstoff oder Totimpfstoff (= abgeschwächte Erreger)	Serum mit Antikörpern
Bildung von Antikörpern	ja	nein
Bildung von Gedächtniszellen	ja	nein
Dauer der Schutzwirkung	mehrjährig, manchmal lebenslang	kurze Zeit (bis zum Abbau der Antikörper)

b) Passive Impfungen müssen aufgrund der kurzen Dauer des Schutzes wiederholt werden.
Bei aktiven Immunisierungen werden im Lauf der Zeit (manchmal Jahre) die Gedächtniszellen abgebaut. Damit fehlt bei einer erneuten, späteren Infektion die „Wiedererkennung" des Erregers, um schnell viele Antikörper herstellen zu können.
Bei einer erneuten Impfung werden (bei der aktiven Immunisierung) erneut Antikörper und Gedächtniszellen gebildet.

2

a) Abbildung 3 zeigt die Anzahl der Antikörper gegen Antigen A über eine Zeitspanne von 56 Tagen. Nach dem ersten Kontakt mit dem Antigen A werden Antikörper gebildet, des Weiteren auch entsprechende Gedächtniszellen. Nach dem zweiten Kontakt mit dem Antigen A fällt die Immunreaktion deutlich stärker aus: Es werden wesentlich mehr Antikörper gebildet und die Produktion der Antikörper erfolgt in wesentlich kürzerer Zeit.
b) Der Kurvenverlauf wäre im Prinzip wie in Abbildung 3 dargestellt; dabei ist der Zeitpunkt des ersten Kontakts gleichzusetzen mit der aktiven Immunisierung/Impfung und der zweite Kontakt entspricht dem „ersten" Kontakt mit dem Erreger (Infektion).

3

a)
- Isolierung von Cholera-Bakterien aus dem Kot erkrankte Hühner → Kultivierung → Infektion von Brot mit den Bakterien → Verfütterung an Hühner → Hühner erkranken und sterben
- Infektion von Brot mit alten (geschwächten) Bakterien → Verfütterung an Hühner → Hühner sterben nicht
- Infektion von Brot mit überalten Bakterien → Verfütterung an Hühner → Hühner sterben nicht
- Infektion von Brot mit jungen Bakterien → Verfütterung an Hühner, die noch keinen Kontakt mit dem Erreger hatten und an Hühner, die mit der alten Kultur Kontakt hatten → ? (siehe b)

b) Die Hühner, die noch keinen Kontakt mit dem Erreger hatten, werden sterben; genau wie es auch der erste Versuch gezeigt hat. Die Hühner, die bereits Kontakt mir der alten Kultur hatten, werden überleben. Bei ihnen hat durch den Kontakt mit den abgeschwächten (alten) Erregern eine Immunisierung stattgefunden.

4

a) Kinderlähmung ist eine Krankheit, die durch Viren hervorgerufen wird. Schutz bietet eine geeignete Impfung (Schluckimpfung).
In den Jahren 1955 bis 1966 hat die Anzahl der Erkrankten und damit auch der Todesfälle abgenommen. In den Jahren 1967 bis 2004 blieb die Anzahl der Erkrankten und auch der Todesfälle im Durchschnitt niedrig.
b) Die Anzahl der Erkrankten lässt sich auf die fehlende Impfung der entsprechenden Personen zurückzuführen. Da es sich um eine Virus-Infektion handelt, können Medikamente nicht ursächlich die Krankheit behandeln und heilen. Durch eine Impfung wären die 14 Todesfälle vermutlich nicht eingetreten. Das Ergebnis zeigt die unnötige Gefahr an dieser Krankheit zu erkranken und zu sterben aufgrund einer „unnötigen" Impfung.

5

z. B.
- Handelt es sich um eine aktive oder um eine passive Immunisierung?

- Handelt es sich um einen Lebendimpfstoff oder einen Totimpfstoff?
- Gegen welche Krankheit wirkt die Impfung?
- Wird die Krankheit durch Bakterien oder Viren ausgelöst?
- Wie wurde der Impfstoff hergestellt?
- Wie lange wirkt die Immunisierung?
- Wie gut ist der Schutz?

7.8 Allergien, Krebs und Autoimmunkrankheiten

–

7.9 Der Rinderbandwurm, ein Endoparasit

Der Bandwurm ist ein Parasit mit Wirtswechsel	
Angepasstheiten beim Rinderbandwurm	2 Abb. 1
Vergleich Rinderbandwurm – Fuchsbandwurm	1 Abb. 1–3
Der Fuchsbandwurm als Gefährdung des Menschen	3 Abb. 3,4

1

Beim Rinderbandwurm ist der Mensch der Endwirt, das Rind ist der Zwischenwirt. Beim Fuchsbandwurm ist die Maus bzw. der Mensch der Zwischenwirt, der Fuchs ist der Endwirt.
Die Entwicklungsstadien sind bei beiden Bandwürmern ähnlich: Eier werden mit der Nahrung vom Zwischenwirt aufgenommen und in einem Organ des Zwischenwirtes entwickeln sich Zwischenstadien (Rinderbandwurm: Finne im Muskel; Fuchsbandwurm: Zyste in der Leber). Wenn der Zwischenwirt vom Endwirt gefressen wird, nimmt dieser die Zyste/Finne auf und im Darm entwickelt sich der geschlechtsreife Bandwurm. Die Zyste des Fuchsbandwurmes enthält mehrere Kopfanlagen, die Finne des Rinderbandwurmes nur eine. Beide Bandwurmarten leben im Darm des Endwirts. Sie bestehen aus einem Kopf und vielen Proglottiden, in denen Eier heranreifen. Einzelne Proglottiden werden abgestoßen und gelangen mit dem Kot nach außen. Wenn der Zwischenwirt Nahrung zu sich nimmt, an der Eier haften, schließt sich der Kreis.
Der Rinderbandwurm kann sehr lang (4–10 m) und alt werden; der Fuchsbandwurm ist viel kleiner, im Darm des Fuchses können aber bis zu 60 000 Bandwürmer vorkommen. Der Fuchsbandwurm kommt heute sehr viel häufiger vor als der Rinderbandwurm. Er ist für den Mensch gefährlich, da der Mensch Zwischenwirt sein kann und Fuchsbandwurmzysten in der Leber unbehandelt zum Tode führen können. Der Rinderbandwurm ist in Deutschland praktisch ausgestorben, und der Befall des Darms (Mensch ist Endwirt) ist weniger gefährlich.

2

a) Bandwurm im Darm: Besteht nur aus Kopf und Proglottiden, Nährstoffe werden aus dem umgebenden Darmbrei aufgenommen, keine überflüssigen Organe (Verdauungssystem, Blutkreislauf); sehr viele Proglottiden mit Geschlechtsorganen, so werden sehr viele Eier gebildet, optimal zur Vermehrung. Ei: haftet an Gräsern, damit es vom Zwischenwirt aufgenommen wird. Finne: kann sehr lange überdauern, „wartet" in diesem Zustand, bis sie von Endwirt aufgenommen wird.
b) Täglich werden bis zu 5 Proglottiden abgegeben, die jeweils ca. 90 000 Eier enthalten, d. h. es werden ca. 450 000 Eier pro Tag, d. h. ca. 13 500 000 = 13,5 Millionen Eier im Monat abgegeben.

c) Die Produktion von Geschlechtszellen ist für den Bandwurm das wichtigste Ziel. Zur Aufnahme von Nahrung braucht er keinerlei Energie, da der umgebende Nahrungsbrei genutzt wird. Da er sich im Darm seines Wirtes befestigt, muss er sich nicht selbstständig fortbewegen. Die Produktion von Eiern ist so wichtig, da diese mit dem Kot des Wirts nach außen gelangen und es völlig zufällig ist, ob ein geeigneter Zwischenwirt sie frisst und so die weitere Entwicklung möglich ist. Je mehr Geschlechtszellen und Eier produziert werden, umso höher ist die Wahrscheinlichkeit, dass der Entwicklungskreislauf sich schließt und sich der Bandwurm vermehren kann.

3

a) In der Abbildung sind für vier verschiedene Landschaftsstrukturen verschiedene Messwerte im Zusammenhang mit dem Fuchsbandwurm dargestellt: Das Nahrungsangebot für den Fuchs durch den Menschen ist im Stadtzentrum am größten, dann folgen Stadtrandzone, Landschaft/Naherholung und Wald. Gleiches gilt für die Anzahl der Füchse pro Fläche. Die Anzahl der Mäuse pro Fläche ist in den Naherholungsgebieten am größten, in alle anderen Gebieten ist sie gleich niedrig. Füchse jagen am meisten Mäuse im Wald und in Naherholungsgebieten, im Stadtzentrum nur sehr wenig. Fuchsbandwurmeier sind in den Naherholungsgebieten und in der Stadtrandzone am häufigsten.

b) In der Stadt und am Stadtrand stellt Müll des Menschen Nahrung für Füchse dar, dementsprechend nimmt die Anzahl der Füchse pro Fläche hier zu. Mäuse kommen am meisten in der Naherholungsregion vor, somit werden hier und im Wald auch am meisten Mäuse von Füchsen gejagt. Für den Entwicklungszyklus des Fuchsbandwurms müssen End- und Zwischenwirt zusammenkommen. Es finden sich daher am meisten Fuchsbandwurmeier in den Regionen (Naherholung und Stadtrand), in denen sowohl Füchse als auch Mäuse häufig sind und viele Mäuse von Füchsen gefressen werden.

8 Nicht zu viel und nicht zu wenig: Zucker im Blut

8.1 Hormonsystem im Überblick

Was sind Hormone?	
Beispiele wichtiger Hormondrüsen, Hormone und ihrer Wirkung	Abb. 1
Allgemein: Die fünf Ebenen der Hormonwirkung	1 Abb. 2
Warum wirken Hormone nur auf bestimmte Zellen? – Das Schlüssel-Schloss-Prinzip	2 Abb. 7
Wachstumshormone	4 Abb. 3 3 Abb. 5

1

Ebene I: Das Gehirn erhält Informationen über die Sinne. Nervensystem und Hormonsystem arbeiten eng zusammen, sodass äußere Reize hormonelle Reaktionen beeinflussen können.

Ebene II: Die Verbindungsstelle zwischen dem Nervensystem und dem Hormonsystem ist der Hypothalamus. Dieser besitzt für die anderen Hormondrüsen eine übergeordnete Funktion. Der Hypothalamus produziert Hormone, die die Freisetzung weiterer Hormone aus der Hypophyse beeinflussen.

Ebene III: Die Hypophyse produziert Hormone, die direkt auf die Zielzellen in bestimmten Organen wirken (Somatotropin, Prolactin). Außerdem werden Hormone gebildet, die andere Hormondrüsen im Körper anregen, ihrerseits Hormone zu bilden (FSH, Thyreotropin, ACTH).

Ebene IV: Die Hormondrüsen bilden spezifische Hormone. Diese Botenstoffe werden in das Blut abgegeben und so im ganzen Körper verteilt.

Ebene V: Jedes Hormon wirkt nur auf spezielle Zellen in bestimmten Organen. Diese Zellen nennt man Zielzellen.

Hinweis: ACTH wird im Grundwissentext nicht genannt. Aus Abbildung 2 lässt sich erschließen, dass ACTH eine Hormonbildung in den Nebennieren bewirkt.

2

a) Abbildung 4 zeigt jeweils eine Zelle unterschiedlicher Hormondrüsen (A–D). Die spezifische Struktur der Hormonmoleküle ist schematisch veranschaulicht:
Hormon A: kreisförmig
Hormon B: sternförmig
Hormon C: dreieckig
Hormon D: quadratisch
Die Hormone A–D werden in ein Blutgefäß abgegeben und gelangen so zu den Zielzellen (1–4).
Die Zielzellen 1–4 besitzen wie ein Schloss passgenaue Rezeptoren auf ihren Zellmembranen. Nur solche Hormonmoleküle, deren Struktur wie ein Schlüssel exakt in diese Rezeptoren passen, können dort andocken und damit ihre Wirkung entfalten.
b) Hormon A: passt zum Rezeptor der Zielzelle 3
Hormon B: passt an keinen der abgebildeten Rezeptoren (auch nicht an Rezeptor 2)
Hormon C: passt zum Rezeptor der Zielzelle 2
Hormon D: passt zum Rezeptor der Zielzelle 1
Der Rezeptor der Zielzelle 4 passt zu keinem der hier abgebildeten Hormonmoleküle
Hinweis: Zur Vereinfachung sind die Strukturen nur zweidimensional angegeben.

3

Die Hypophyse produziert das Wachstumshormon Somatotropin (Abb.1, 2). Bei einer Tumorerkrankung ist die Anzahl der hormonproduzierenden Zellen deutlich erhöht. Allgemein sind Regulationsprozesse gestört.

Hypothese: Durch die Tumorerkrankung wird die Konzentration der Somatotropinmoleküle erhöht. Dadurch erhalten mehr Zielzellen die Information zur Wirkungsentfaltung: Die Folge ist ein gesteigertes Körperwachstum.
Das immer noch anhaltende Körperwachstum im Erwachsenenalter lässt vermuten, dass die Somatotropin produzierenden Zellen der Hypophyse immer noch eine gesteigerte Aktivität aufweisen.

4

a) Wie wird das Wachstum kontrolliert? Welche Rolle hat die Hypophyse für das Wachstum?
b) Bis zur Entfernung der Wachstumshormonzellen in der Hypophyse zeigen alle Versuchstiere ein gleichmäßiges Körperwachstum. Die Gruppe der Versuchstiere mit zerstörten Hypophysenzellen bleibt klein, während diejenigen Versuchstiere, die mit Wachstumshormonen behandelt wurden, ein nahezu gleichmäßiges Körperwachstum zeigen.
Die Versuchsergebnisse belegen eindeutig die ursächliche Wirkung der Somatotropin produzierenden Zellen der Hypophyse für die Entwicklung der Körperlänge bei Ratten. Gleichzeitig zeigt das Versuchsergebnis, dass eine wirkungsvolle Behandlung mit Wachstumshormonen möglich ist.

Anmerkung: Ein Rückbezug zu Aufgabe 3 wäre denkbar: Die Experimente in Abbildung 5 zeigen eindeutig die Wirkung der Wachstumshormone der Hypophyse. Ließe sich dieses Tiermodell auf den Menschen übertragen, wäre eine Verifizierung der Hypothese aus Aufgabe 3 möglich.

M Steuerung und Regelung, Regelkreis

Der Lachkoller, Beispiel für positive Rückkopplung	Abb. 1
Vergleich: negative Rückkopplung	Abb. 2
Regelungsvorgänge als Regelkreis: Erarbeitung am Beispiel der Temperaturregelung. Verallgemeinerung	Abb. 3,4
Pfeildiagramme: • Wut und Aggression • Minderwertigkeitskomplex • Körpertemperatur	**1** Abb. 1,2

1

a)

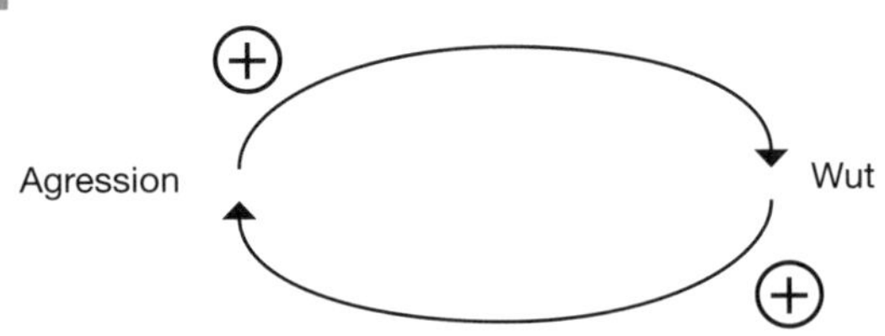

b)

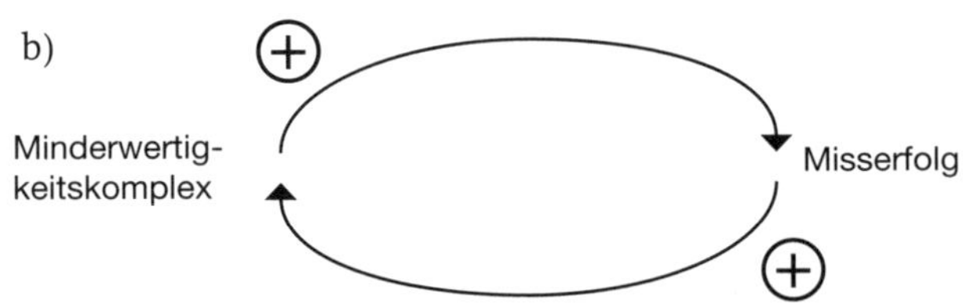

c)

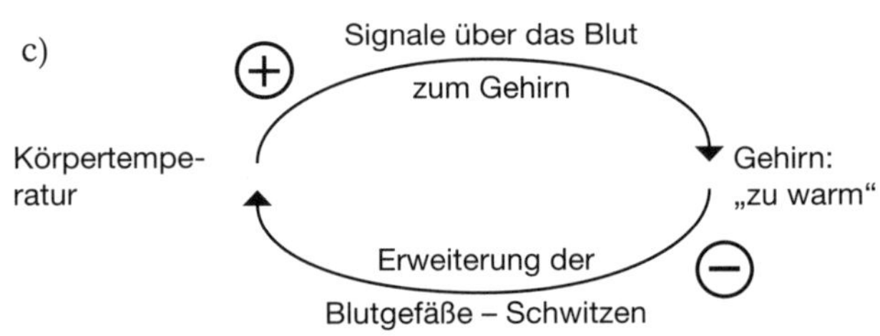

8.2 Regelung des Blutzuckerspiegels

Beispiele aus der Werbung im Kontext „Zucker und Energie“: Was passiert im Körper?	

Regelung des Blutzuckerspiegels	Abb. 2

Zuordnungen der Beschreibungen zu den physiologischen Abläufen im Schema	1 Abb. 1,2

Einflüsse auf den Blutzuckerspiegel: • Zufuhr von Glucose (Schokolade, „Milchschnitte“) • Diabetes Typ I • Diabetes Typ II • Mangel an Glukagon • Adrenalin und Stress	2 Abb. 1,2

Regulation: Pfeildiagramm am Beispiel der Regulation des Blutzuckerspiegels	3 Abb. 3

1

A:
1 Anstieg der Blutzuckerkonzentration, zum Beispiel nach einer kohlenhydrathaltigen Mahlzeit
B:
8 Die Zellen der Bauchspeicheldrüse geben Insulin in das Blut ab.
C, D:
9 Die Leber- und Muskelzellen nehmen mehr Glucose auf.
D:
3 Die Leberzellen nehmen Glucose auf und speichern sie als Glykogen.
E:
7 Der Blutzuckerspiegel sinkt auf den Normalwert; die Insulinabgabe lässt nach.
F:
4 erniedrigter Blutzuckerspiegel, z. B. durch Auslassen von Mahlzeiten
G:
6 Die Zellen der Bauchspeicheldrüse geben Glukagon in das Blut ab.
H:
2 Die Leberzellen bauen Glykogen ab und geben Glucose in das Blut ab.
I:
5 Der Blutzuckerspiegel steigt auf den Normalwert; die Abgabe von Glukagon lässt nach.

2

a: Glucose gelangt nach der Verdauung der kohlenhydrathaltigen Schokolade in das Blut. Der Blutzuckerspiegel (die Blutglucosekonzentration) wird dadurch zunächst erhöht. Zellen der Bauchspeicheldrüse werden angeregt, Insulin zu bilden. Insulin gelangt mit dem Blut zu allen Zellen, bindet dort an passgenaue Rezeptoren und bewirkt so die Durchlässigkeit der Membran für Glucose. Im Zellinneren dient Glucose als Ausgangsstoff für die Zellatmung, in Zellen der Leber und der Muskulatur bewirkt Insulin auch die Umwandlung von Glucose in Glykogen. Es entsteht ein Gleichgewicht, sodass der natürliche Blutzuckerspiegel von etwa 100 Milligramm Glucose pro 10 Milligramm Blut wieder erreicht wird.
b: Ohne das Hormon Insulin ist der Transport von Glucose in das Zellinnere fast nicht möglich. Auch die Bildung von Glykogen ist stark eingeschränkt. In der Folge bleibt der Blutzuckerspiegel dauerhaft erhöht.
c: Beim Diabetes Typ II können die Zellen der Bauchspeicheldrüse zunächst noch ausreichend Insulin produzieren, allerdings ist die Anzahl der Insulinrezeptoren reduziert. Dadurch gelangen nur wenige Glucosemoleküle durch die Zellmembran in das Zellinnere. Der Blutzuckerspiegel bleibt dauerhaft erhöht.
d: Glucagon bewirkt die Umwandlung von Glycogen in Glucose; ist ein Gegenspieler zu Insulin. Wird Glucagon in zu geringer Menge gebildet, bleibt der Blutzuckerspiegel dauerhaft erniedrigt.
e: Die Hormone Insulin und Adrenalin sind Gegenspieler (Antagonisten). Adrenalin bewirkt die schnelle Freisetzung von Glucose aus den Glykogenspeichern der Leber und der Muskelzellen. Eine Stressreaktion versetzt den Menschen schnell in einen Zustand erhöhter Leistungsbereitschaft. Der Blutzuckerspiegel bleibt für die Dauer der Stressreaktion erhöht.

3

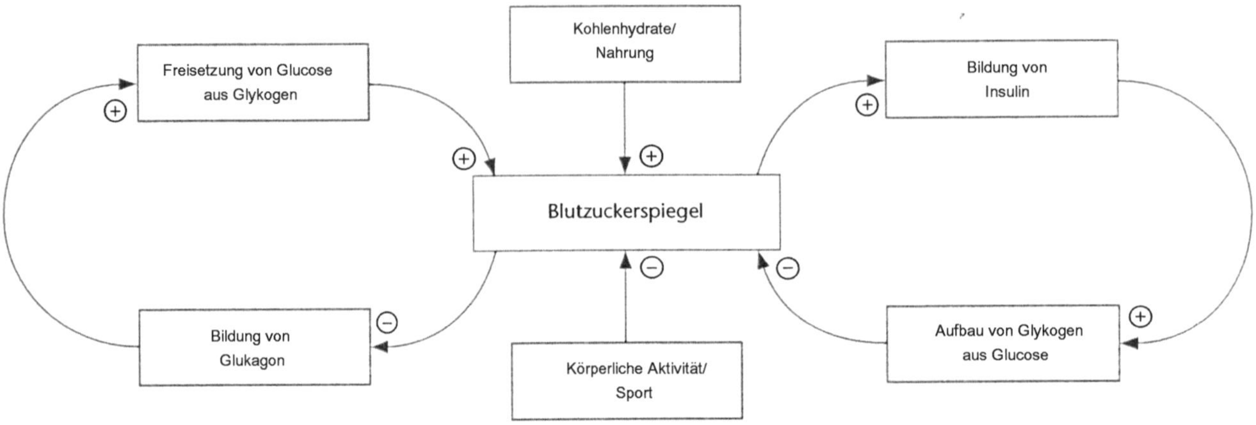

8.3 Diabetes

Regulation des Blutzuckerspiegels	Wiederholung
erhöhter Blutzuckerspiegel/Diabetes	Abb. 1,3,4
Diabetes Typ I	**1** **2** Abb. 5
Diabetes Typ II	**2** Abb. 5
Ursachen des Diabetes Typ II	**4** Abb. 6
Insulinbehandlung / Herstellung von Humaninsulin	**3** Abb. 2
Leben nach einem genauen Plan	Abb. 1

1

a) eigenständige Lösung, mehrere Lösungsmöglichkeiten

b) Annas Blutzuckerspiegel ist schon zu Beginn des Versuches höher als bei der gesunden Testperson. Er beginnt unmittelbar nach dem Trinken der Zuckerlösung stark zu steigen. Nach einer Stunde ist, wie auch beim Gesunden, der höchste Wert erreicht, allerdings liegt dieser um 100 Einheiten höher als beim gesunden Menschen. Im Verlauf der zweiten Stunde sinkt Annas Wert um den gleichen Betrag wie bei der Kontrollperson. Während der gesunde Mensch aber nach drei Stunden wieder seinen Ausgangswert erreicht, bleibt der Blutzuckerspiegel bei Anna deutlich erhöht. Auch nach vier Stunden ist Annas Blutzuckerspiegel noch über dem Ausgangswert.
Die Notwendigkeit von Insulingaben muss der behandelnde Arzt ermitteln. Grundsätzlich ist aber eine gesunde Ernährung mit vielen kleinen Mahlzeiten und viel Bewegung von Vorteil. Auf keinen Fall sollte Alkohol oder Nikotin genossen werden.

2

Die Blutzuckerwerte eines gesunden Menschen schwanken im Tagesverlauf nicht unerheblich. Am höchsten sind die Werte jeweils nach den Mahlzeiten. Den tiefsten Wert erreichen sie am späten Nachmittag. Einen ähnlichen Verlauf aber auf wesentlich höherem Niveau zeigen die Blutzuckerwerte der Diabetiker, wobei der unbehandelte Typ I die höchsten Werte einnimmt. Durch die Mahlzeiten wird dem Körper Glucose zugeführt, die abgebaut werden muss. Das geschieht beim gesunden Menschen durch einen erhöhten Insulinausstoß. Beim Typ II-Diabetiker wird eine ähnliche Entwicklung durch die Diät und Insulingaben erreicht. Zusätzliche Bewegung könnte hier ein weiteres Absinken des Blutzuckerspiegels bewirken. Beim Typ I-Diabetiker reicht augenscheinlich die Diät nicht aus, um den Blutzuckerspiegel zu senken. Hier müssen zusätzliche Insulininfusionen für ein Absinken sorgen.

3

a) Es ist eine Zunahme der Übergewichtigkeit bei Kindern und Jugendlichen zu beobachten. Als Folge der Übergewichtigkeit erkranken immer mehr Kinder und Jugendliche an Diabetes Typ II. Ursachen für das Übergewicht sind Bewegungsmangel und ungesunde Ernährung. Forderung an die Eltern: Erziehung zur gesunden Ernährung als Prävention und Ermunterung zu sportlichen Aktivitäten.

b) Die vorgeschlagenen Verhaltensänderungen sind sehr sinnvoll, da sie eine der wesentlichen Ursachen des Diabetes Typ II, nämlich das Übergewicht, verhindern können. Die gesellschaftliche Bedeutung ist erheblich, da durch die Zunahme des Diabetes Typ II hohe Krankheitskosten entstehen, die letztlich alle bezahlen müssen.

c) Das erhöhte Nahrungsangebot der Wohlstandsgesellschaft, aber auch die Gewöhnung an Fast Food und die zahlreichen, vorwiegend im Sitzen vollzogenen Tätigkeiten wie Computerspielen, Internetsurfen etc., die zu einem Bewegungsmangel führen, sind Folgen des Überflusses. Sie können die Entstehung des Diabetes Typ II begünstigen. In armen Ländern ist diese Krankheit nahezu unbekannt, sodass man mit einer gewissen Berechtigung von einer Wohlstandskrankheit spricht.

M Risiko und Wahrscheinlichkeit

1

- Absolute Häufigkeit: Häufigkeit, mit der ein Ereignis eintritt
- Relative Häufigkeit: Häufigkeit, mit der ein bestimmtes Ereignis eintritt, bezogen auf die Gesamtzahl der Ereignisse
- Wahrscheinlichkeit: möglichst gute Vorhersage der relativen Häufigkeit
- Risiko: Wahrscheinlichkeit, mit der ein negativ bewertetes Ereignis eintritt
- subjektive Risikowahrnehmung: subjektive, von persönlichen Erfahrungen und Gefühlen getragene Einschätzung der Wahrscheinlichkeit, mit der ein negatives Ereignis eintritt

2

100 % bezeichnen die Gesamtheit aller (registrierten) Verletzungen. Verschiedene Verletzungen treten mit unterschiedlicher relativer Häufigkeit auf, sodass es unterschiedliche Wahrscheinlichkeiten für Verletzungen an verschiedenen Körperteilen gibt:

Kopf, Hals: 16 % → Wahrscheinlichkeit von 0,16
Hand, Unterarm, Ellenbogen: 32 % → Wahrscheinlichkeit von 0,32
Knie, Fuß, Unterschenkel: 26 % → Wahrscheinlichkeit von 0,26
Rumpf, Becken: 11 % → Wahrscheinlichkeit von 0,11
Sonstige: 15 % → Wahrscheinlichkeit von 0,15

3

Beispiele:

1) Gesundheitliche Risiken des Zigaretten-Rauchens (wenn man selbst Raucher ist); Risiko, bei Tätigkeiten im Haushalt einen Unfall zu erleiden. Risiko, im Straßenverkehr einen Unfall zu erleiden.

2) Risiko, durch ein Naturereignis (z. B. Blitz, Gewitter, Sturm) körperlich zu Schaden zu kommen

3) Wer sich informiert hat, weiß, dass das Risiko, im Laufe eines Jahres vom Blitz erschlagen zu werden, über 100-fach kleiner ist, als das Risiko, im Laufe eines Jahres an einer Fischgräte zu ersticken. (Nach Krämer, 2001, sterben etwa 800 Personen jährlich an Fischgräten).

4) Wenn bei einem Nachbarn eingebrochen wurde, steigt die Angst vor einem Einbruch im eigenen Haus.
Wenn in der Nähe ein Zug entgleist ist und in der Presse mit Text und Bild über schreckliche Verletzungen berichtet wurde, wird das Risiko des Bahnfahrens danach überschätzt.

5) Nach einem selbst erlittenen Autounfall wird das Risiko des Autofahrens höher eingeschätzt als zuvor.
Nachdem das Fahrrad gestohlen wurde, wird von dem Betroffenen das Risiko eines Fahrraddiebstahls höher eingeschätzt.

4

a) z. B.
- Für rauchende Männer im Alter von 60 Jahren, die einen (systolischen) Blutdruck von 140 mmHg haben und 270 mg Cholesterin im Blut, ist die Wahrscheinlichkeit, in den nächsten 10 Jahren einen Herzinfarkt zu bekommen, 10–14 %.
- Für nicht rauchende Frauen im Alter von 40 Jahren, die einen Blutdruck von 120 mmHg haben und 190 mg Cholesterin im Blut, ist die Wahrscheinlichkeit, in den nächsten 10 Jahren einen Herzinfarkt zu bekommen, kleiner als 1 %.

Für rauchende Frauen im Alter von 55 Jahren, die einen Blutdruck von 180 mmHg haben und 150 mg Cholesterin im Blut, ist die Wahrscheinlichkeit, in den nächsten 10 Jahren einen Herzinfarkt zu bekommen, 3–4 %.

b) Die Wahrscheinlichkeit, einen Herzinfarkt zu erleiden, steigt bei hohem Blutdruck, hohen Cholesterinwerten, durch Rauchen und mit zunehmendem Alter. Generell treten bei Männern häufiger Herzinfarkte auf als bei Frauen. Kommen alle Risikofaktoren zusammen, ist das Risiko besonders hoch (extrem: Kästchen ganz rechts oben, rauchender 65 jähriger Mann mit hohen Blutruck- und Cholesterinwerten). Aber auch schon die Kombination zweier Risikofaktoren, z. B. hoher Blutdruck und hohe Cholesterinwerte erhöhen das Risiko eines Herzinfarktes deutlich, unabhängig von Alter und Rauchverhalten (in jedem Kasten nimmt das Risiko von unten links nach oben rechts zu). Auch nur ein Faktor, z. B. ob man raucht oder nicht, verändert das Herzinfarktrisiko: Die Spalten für Raucher zeigen insgesamt ein größeres Risiko als die Spalten für Nichtraucher. Ein sehr geringes Herzinfarktrisiko besteht für jüngere Menschen, die nicht rauchen und normal bis mittlere Blutdruck- und Cholesterinwerte haben.
c) Zur Vorbeugung eines Herzinfarktes ist es wichtig, nicht zu rauchen und regelmäßig die Blutdruck und Cholesterinwerte zu kontrollieren, um hohe Werte zu erkennen und eventuell medikamentös behandeln zu können.

M Basiskonzepte zum Thema „Kommunikation und Regulation“

–

9 Gene – Puzzle des Lebens

9.1 Die Bedeutung des Zellkerns

Versuche an Krallenfröschen	2 Abb. 4
Größe des Zellkerns	1 Abb. 1,2
Einfache Versuche mit Acetabularia	3 4 Abb. 3,5,6

1

Bei einem Zellkerndurchmesser von 10 cm müsste der Mensch 14,444 km groß sein.

2

In Teilversuch a wurde ein unbefruchtetes Froschei mit ultravioletter Strahlung bestrahlt. Dadurch wurde der Zellkern zerstört und das Ei stirbt ab, da die Erbinformation zerstört ist (gespeichert im Zellkern).
In Teilversuch b wurde wie in a verfahren. Des Weiteren wurden einer Kaulquappe Darmzellen entnommen und aus diesen ein Zellkern isoliert. Dieser wurde in das kernlose Ei transplantiert. Dieses präparierte Ei entwickelte sich normal zu einer Kaulquappe und Frosch. Durch die Übertragung des Zellkerns ist die Erbinformation wieder vorhanden und die Zelle entwickelte sich normal. Möglich ist dies, weil alle Zellkerne die gleiche Erbinformation besitzen, unabhängig, ob der Zellkern (wie in diesem Fall) aus Darmwandzellen gewonnen wurde.

3

Eine junge, einzellige Alge vor der Schirmausbildung wurde in drei Teile geschnitten: Wurzelregion, Stiel und Schirmregion. Aus der Wurzelregion entwickelte sich eine vollständige neue Alge mit Schirm; der Stiel wuchs nicht weiter und aus der Schirmregion entwickelte sich ein neuer Schirm. Im Stiel befinden sich weder der Zellkern noch „bewegliche Moleküle“ (Grundwissentext), die die abgelesene Erbinformation enthalten. Dadurch kann der Stiel nicht weiter wachsen. Die „beweglichen Moleküle“ sind jedoch in der Schirmregion enthalten und können durch die Stoffwechselreaktionen zur Ausbildung des Schirms einleiten. Aus der Wurzelregion entwickelt sich eine normale Alge, da sie den Zellkern mit allen Erbinformationen besitzt.
Dies zeigt sich auch in Experiment b: Nach Überführung des Zellkerns aus der Wurzelregion in den Stiel kann auch dieser zu einer vollständigen Alge wachsen, da er die vollständige Erbinformation enthält.

4

Aus der Wurzelregion von Acetabularia crenulata kombiniert mit dem Stiel von Acetabularia mediterranea entwickelt sich der Schirm von Acetabularia mediterranea, da die „beweglichen Moleküle“ im Stiel bereits für die Ausprägung des Merkmals führen. Schneidet man davon den Schirm ab, entwickelt sich ein neuer Schirm, dessen Ausprägung zwischen den Merkmalen der beiden Schirme ist. Dies kommt durch das Vorhandensein „beweglicher Moleküle“ sowohl von Acetabularia mediterranea als auch von Acetabularia crenulata. Schneidet man den Schirm wieder ab, entwickelt sich ein Schirm mit den Merkmalen des Schirms von Acetabularia crenulata, da die Information für die Ausprägung jetzt ausschließlich aus dem Zellkern stammt.

9.2 Chromosomen als Träger der Erbinformation

–

9.3 Mitose

Impuls: Würde das Experiment mit den Krallenfröschen auch mit dem Zellkern zum Beispiel einer Hautzelle funktionieren? Die Chromosomen in allen Zellen eines Organismus sind gleich

Wachstum durch Zellteilung

Ablauf der Mitose	1 2 4 Abb. 1,2

Unterschiede bei verschiedenen Zelltypen	3 Abb. 3

1

–

2

a → vor einer Mitose
e → Beginn der Mitose (Membran des Zellkerns aufgelöst)
b → Prophase (Doppelchromosomen werden sichtbar)
f/d → Metaphase (Doppelchromosomen in der Ebene angeordnet)
c → Anaphase (Doppelchromosomen werden getrennt und jeweils zu den Polen gezogen)
g → Telophase (Ausbildung neuer Kernmembranen, Chromosomen verlieren aufgerollte Struktur)
h → Interphase

3

Abbildung 3 macht deutlich, dass die Phasendauer der Verdopplung der DNA und der Mitose bei allen Zelltypen gleich ist. Unterschiedlich ist die Dauer der Interphase. In der Interphase wächst die Zelle und nimmt ihre Stoffwechselfunktion wahr. Die unterschiedliche Dauer der Interphase lässt sich auf die unterschiedlichen Funktionen der Zelltypen zurückführen.

4

–

+15

Impuls: Annahme, Geschlechtszellen wären normale Zellen → Anzahl der Chromosomen in der 1., 2., 3. … Generation → Notwendigkeit der Reduktion

Ablauf der Meiose	1 Abb. 1
Vergleich von Mitose und Meiose	2 3 Abb. 1
Bedeutung der Zellteilung	4 5 Abb. 1,2

1

(individuelle Lösung)

2

A Mitose
B Meiose [aber auch Mitose (Doppelchromosom Einzelchromosom)]
C → Meiose
D → Mitose/Meiose
E → Mitose/Meiose
F → Mitose/Meiose
G → Mitose/Meiose
H → Meiose
I → Meiose
J → Meiose
K → Meiose
L → Mitose/Meiose
M → Meiose
N → Mitose/Meiose
O → Mitose/Meiose

3

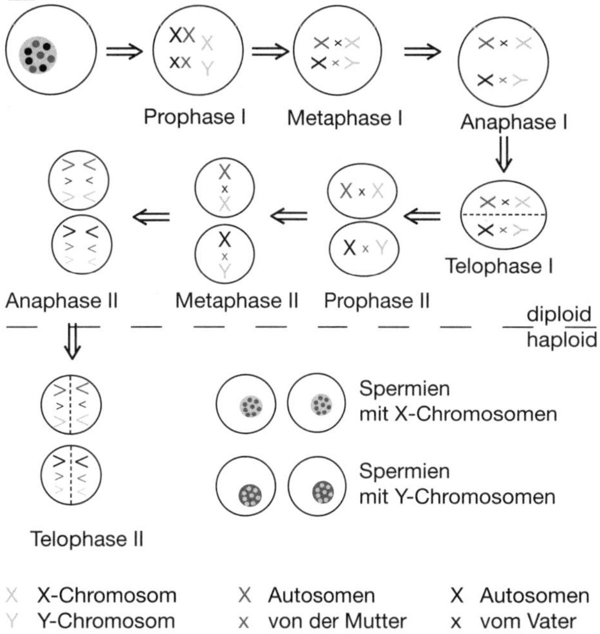

4

Die Entscheidung „fällt" in der Phase Meiose I, da dort die homologen Chromosomen/Gonosomen getrennt werden.

5

In den Geschlechtsorganen werden durch Meiose die Geschlechtszellen (1, 2, 3) gebildet. Durch die Befruchtung entstehen die diploiden Zygoten (4, 5), aus denen sich durch Mitose die diploiden Körperzellen (6, 7) bilden.
1, 2, 3 haploid
4, 5 diploid
6, 7 diploid

9.5 Genetische Variabilität

Menschen sind unterschiedlich	2 Abb. 1
Berechnung der Kombinationsmöglichkeiten	1 3 Abb. 1,2
Familie Kurze	4

1

Zahl der Kombinationsmöglichkeiten:
- Mensch: y = 23 → x = 8388608
- Regenwurm: y = 16 → x = 65536
- Stechmücke: y = 3 → x = 8
- Karpfen: y = 52 → x = $4{,}5 * 10^{15}$
- Rind: y = 30 → x = 1073741824
- Erbse: y = 7 → x = 128

2

a) Die beiden Kinder haben unterschiedliche Chromosomen-Kombinationen. Sowohl die Kombination von der Mutter als auch vom Vater sind bei beiden unterschiedlich. Einzelne Chromosomen haben sie zufällig beide, zum Beispiel 1/blau oder 10/orange.
b) Eineiige Zwillinge haben identische Chromosomen-Kombinationen, da sie aus einer befruchteten Eizelle hervorgegangen sind. Geschwister haben generell unterschiedliche Kombinationen; mit einer sehr, sehr geringen Wahrscheinlichkeit könnten auch sie identisch sein, doch liegt diese Wahrscheinlichkeit dicht bei 0.

3

a) Mögliche Chromosomen für ein weiteres Kind

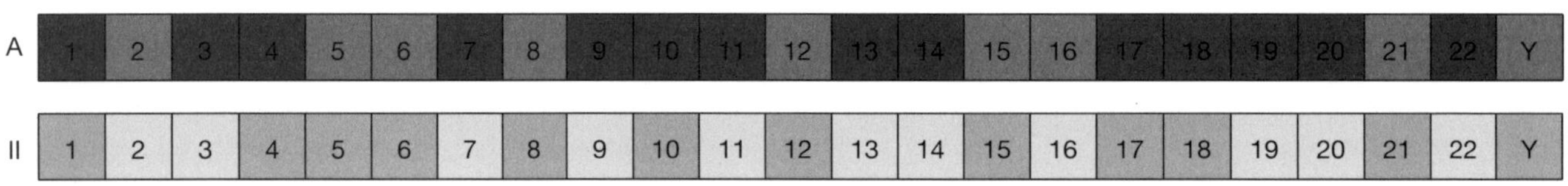

b) Mögliche Eizellen von Isabel

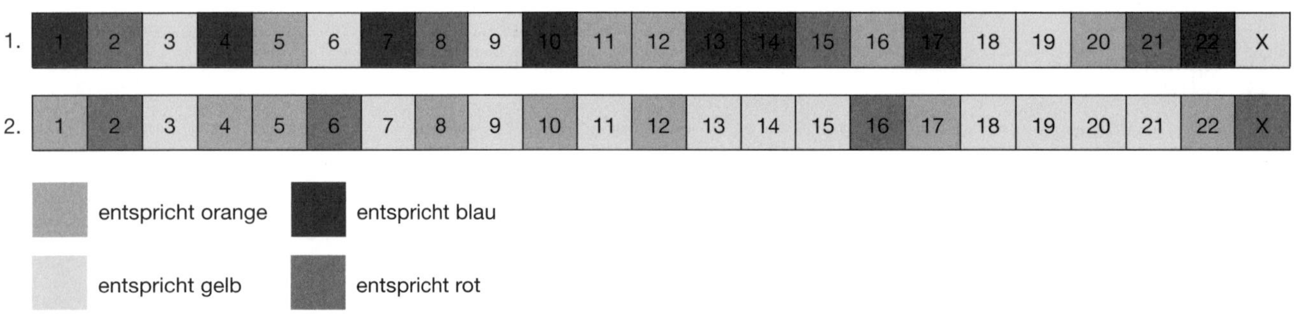

a) z. B.
- Welche Gemeinsamkeiten haben alle menschlichen Individuen?
- Welche Eigenschaften unterscheiden zwei Menschen (z. B. zwei Schüler der Klasse) und machen sie zu Individuen?
- In wie viel Prozent des Erbmaterials unterscheiden sich Menschen untereinander?
- Warum sind eineiige Zwillinge, die dieselben Erbinformationen tragen, trotzdem verschiedene Individuen?
- Welche Eigenschaften eines Menschen sind erblich bedingt?
- Worin zeigt sich deine eigene Individualität?
- Zeigen Tiere, Pflanzen, Bakterien auch Individualität?

b) Fragen zum Vergleich von Erbinformationen zwischen Individuen können mithilfe naturwissenschaftlicher Methoden beantwortet werden. Fragen, die sich auf nicht-erbliche Eigenschaften des Menschen, wie z. B. Charaktereigenschaften, Interessen, Vorlieben, Erfahrungen beziehen, sind nicht durch naturwissenschaftliche Analysen zu beantworten. Zu vielen Aspekten der Individualität und ihrer Entstehung, z. B. zur Frage, welche Eigenschaften eines menschlichen Individuums vererbt und welche durch Erziehung und Sozialisation bedingt sind, gibt es unterschiedliche Ansichten.

9.6 Gen – Protein – Merkmal

Genwirkketten	1 Abb. 1
Erforschung einer Genwirkkette	3 Abb. 3
Aussagen über Genwirkketten	2 Abb. 2

1

a) Die Genwirkkette für die Blütenfarbe der Gauklerblume besteht aus drei Genen und deren Genprodukten: Gen 1 enthält die Information für das Enzym 1, welches den Ausgangsstoff in das Zwischenprodukt 1 umwandelt. Gen 2 enthält die Information für das Enzym 2, das das Zwischenprodukt 1 in das Zwischenprodukt 2 (Blütenfarbstoff gelb) umwandelt. Im letzten Schritt dieser Genwirkkette wird das Zwischenprodukt 2 durch das Enzym 3 (Gen 3) in den Blütenfarbstoff 1 umgewandelt.
b) Die Blütenfarbe wäre dann gelb.

2

A: Der letzte Satz ist falsch, es muss heißen: Jedem Merkmal können *ein oder mehrere Gene* zugeordnet werden, [...]
B: Die Aussage ist falsch. Es kommt nicht darauf an, welche Merkmale bei den „Elternteilen" ausgebildet sind, sondern welche Gene zufällig vererbt wurden. Daraus resultiert dann die Merkmalsausbildung.
C: Fehlt ein Gen einer Genwirkkette, so bleibt die Synthese eines Stoffes an dieser Stelle stehen. Die Zuordnung von weiß zu „keiner Blütenfarbe" ist falsch. Die Farbe des betreffenden Zwischenproduktes, das als letztes gebildet wird, ist dann die Blütenfarbe der Blüte.
D: Rot ist das sichtbare Merkmal, das aus der Genwirkkette resultiert. Die Ausführungen zur Züchtung sind falsch. Der Züchtungsbegriff ist hier nicht definiert und daher so nicht anwendbar. Außerdem werden nicht zwangsläufig die ganzen Genwirkketten von einer Pflanze vererbt.
E: Die Äußerungen sind völlig unwissenschaftlich. Eine Pflanze „merkt" nicht, ob sie bestäubt wird oder nicht, sie trifft auch keine Entscheidungen und kann sich auch keine Blütenfarbe aussuchen.

3

Zerstörtes Gen	Stoffe, die nicht mehr gebildet werden
1	B, C, E, F
2	F
3	C, E, F
4	E, F
5	D, E, F

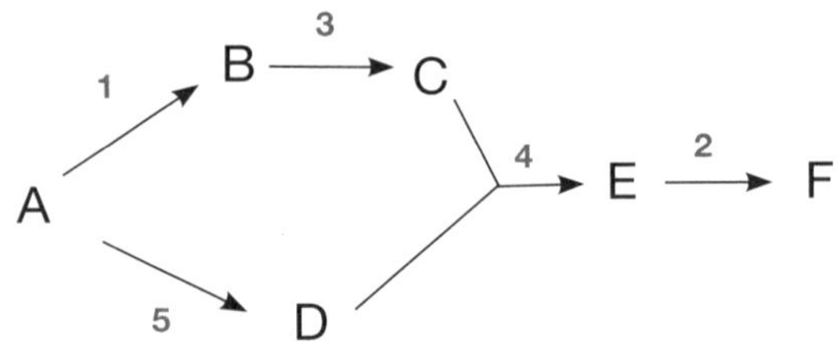

9.7 Mutationen

Impuls: Feldhase – Schneehase → Mutationen	2 Abb. 1,2
Weitergabe von Mutationen und Ausprägung	1 5 Abb. 3
Bedeutung von Mutationen in der Ökologie und Medizin	3 4 Abb. 4,5

1

Fehlfunktionen treten nicht immer auf, da diese Organismen diploid sind; wenn das andere Chromosom ohne diese Fehlfunktion ist, muss die Fehlfunktion nicht undbedingt phänotypisch in Erscheinung treten. Das Genprodukt des anderen Chromosoms „kompensiert“ die Fehlfunktion.

2

Es handelt sich um eine Mutation, die für den Schneehasen von Vorteil ist, da er durch die wechselnde Fellfarbe jeweils besser an seine Umwelt (Jahreszeit) angepasst und somit geschützter vor Feinden ist; er hat damit einen Überlebensvorteil.

3

Durch eine Mutation ist ein Gen (und Genprodukt) entstanden, das dem Insekt eine Resistenz gegen das Insektizid verleiht. Daher sterben diese Insekten bei einem Insektizideinsatz nicht; die Insekten ohne dieses Gen schon. Auch ein weiterer Insektizidbefall tötet diese Insekten nicht; vielmehr können sie sich jetzt stark vermehren, da sie keine Konkurrenz haben.

4

Die Abbildung zeigt, dass der Anteil der 3TC resistenten HI-Viren innerhalb der ersten zwei bis drei Wochen stark ansteigt und nach circa zehn Wochen schon fast bei hundert Prozent liegt. Es verdeutlicht, dass die HI-Viren durch schnelle Mutationen resistent gegen das Medikament werden. Der Einsatz des Medikaments ist fraglich, da so resistente Stämme entstehen, gegen die dieses Medikament und eventuell auch andere Medikamente mit gleichem Angriffspunkt nicht mehr wirken.

5

Durch Röntgenstrahlung können Mutationen in der DNA entstehen. Um zu verhindern, dass dabei Mutationen in der Keimbahn entstehen, werden die Geschlechtsorgane durch Blei abgeschirmt.

9.8 Gregor Mendels Versuche zur Vererbung

Mendels Biographie	Abb. 1
Selbstbestäubung	Abb. 3
Künstliche Fremdbestäubung	1 Abb. 2
Mendels Versuchsansatz	2 Abb. 4
Mendels Hypothesen	3 Abb. 5

1

Zur Fremdbestäubung werden bei einer Pflanze die Staubblätter entfernt und anschließend mit einem Pinsel Pollen einer anderen Pflanze auf ihre Narbe übertragen. Der bestäubte Fruchtknoten reift zur Hülse mit Samen, die ausgesät werden können.

Durch dieses Verfahren wird die Selbstbestäubung verhindert und es können kontrollierte Kreuzungsexperimente zwischen zwei ausgewählten Pflanzen durchgeführt werden.

2

a) In den Vorzuchten aus Elternpflanzen mit gelber Blütenfarbe (1a und 1b) entstehen fast immer Nachkommen mit gelber Blütenfarbe, in den Zuchten aus Elternpflanzen mit violetter Blütenfarbe (2a, 2b) fast nur solche mit violetter Blütenfarbe. Allerdings tauchen in der Vorzucht 1a in der 3. und 6. Nachkommengeneration auch einzelne Pflanzen mit violetter Blütenfarbe auf, und in der Vorzucht 2a immer wieder wenige Pflanzen mit gelber Blütenfarbe. Die Elternpflanzen dieser Vorzuchten können also nicht reinerbig sein; von Reinerbigkeit kann man nur bei den Pflanzen der Vorzuchten 1b und 2b ausgehen, da hier bis zur 6. Nachkommengeneration keine Pflanzen mit abweichender Blütenfarbe auftreten.

b) 1a: Allel für gelb (g) und Allel für violette Blütenfarbe (v)

1b: gg

2a: gv

2b: vv

3

Mendel geht davon aus, dass jedes Individuum zwei Erbanlagen eines Merkmals trägt, wobei nur eine an die nächste Generation weitergegeben wird. Nach der Theorie von Galton werden dagegen alle vorhandenen Erbanlagen immer an die nächste Generation weitergegeben und die Menge an Erbanlagen steigt so mit jeder Generation.

9.9 Mendel stellt Regeln zur Vererbung auf

Uniformitätsregel	Abb. 1
Spaltungsregel	1 Abb. 2
Phänotyp, Genotyp, Allele	1 Abb. 1,2
Erbschema	Methode
Dominant-rezessiver Erbgang	3 4 Abb. 2,3

1

a) Die mischerbige F_1-Generation trägt zwei verschiedene Allele für das Merkmal Samenfarbe: gelb (A) und grün (a). Bei der Kreuzung gibt jede Pflanze nur ein Allel weiter, es bilden sich so die Allelkombinationen AA, Aa und aa im Verhältnis 1:2:1 (Genotyp). Der Phänotyp wird durch das dominante Allel A bestimmt und es treten daher im Verhältnis 3:1 Pflanzen mit gelber (Genotyp AA oder Aa) und grüner Samenfarbe (Genotyp aa) auf.

b)

- Färbung der Samen: gelb = dominant, grün = rezessiv; Verhältnis der Phänotypen in der F_2-Generation gelb : grün = 3,01 : 1
- Gestalt der Samen: rund = dominant, runzelig = rezessiv; Verhältnis der Phänotypen in der F_2-Generation rund : runzelig = 2,96 : 1
- Gestalt der Hülse: einfach gewölbt = dominant, eingeschnürt = rezessiv; Verhältnis der Phänotypen in der F_2-Generation einfach gewölbt : eingeschnürt = 2,95 : 1
- Färbung der Hülse: grün = dominant, gelb = rezessiv; Verhältnis der Phänotypen in der F_2-Generation grün : gelb = 2,82 : 1

In der F_1-Generation haben alle Nachkommen den gleichen Phänotyp, der durch das dominante Allel geprägt ist (Uniformitätsregel). In der F_2-Generation tauchen die beiden betrachteten Merkmale im Verhältnis 3 : 1 (ca.) wieder auf (Spaltungsregel).

2

F = Fellfarbe schwarz (dominant), f = Fellfarbe weiß (rezessiv)

F_1-Generation:

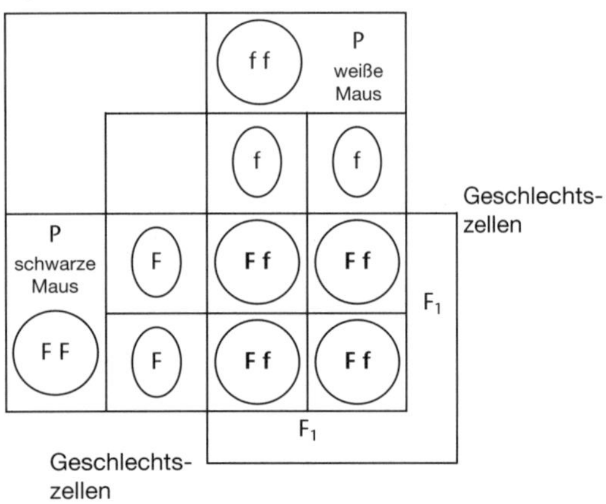

F_2-Generation:

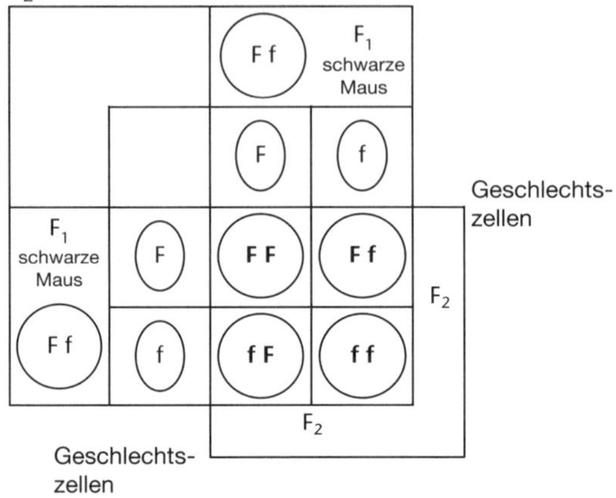

In der F_1-Generation sind alle Nachkommen gleich schwarz (entspricht Mendels Uniformitätsregel), der Phänotyp wird durch das dominante Allel (F) für schwarzes Fell bestimmt. Im Genotyp tragen aber alle Tiere der F_1-Generation auch das Allel für weißes Fell (f). In der F_2-Generation tauchen alle Genotyp-Variationen auf (FF, Ff, ff) und schwarze und weiße Tiere treten im Verhätnis 3 : 1 auf (entspricht Mendels Spaltungsregel).

3

Der Maiskolben mit den gelben und blauen Körnern ist der F_2-Generation zuzuordnen. Nach Mendels Uniformitätsregel sind die Nachkommen zweier reinerbiger Pflanzen gleichförmig, erst in der zweiten Generation tauchen wieder beide Merkmale auf (Spaltungsregel). Beim gelb-blauen Maiskolben überwiegen die gelben Körner (Verhältnis ca. 3 : 1), das Allel für gelbe Färbung scheint also gegenüber dem Allel für blaue Färbung dominant zu sein (Dominant-rezessiver Erbgang).

K = gelbe Körner (dominant), k = blaue Körner (rezessiv)

F_1-Generation:

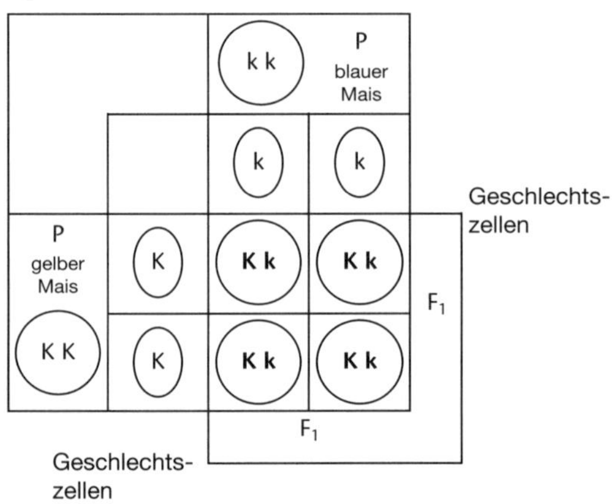

F_2-Generation:

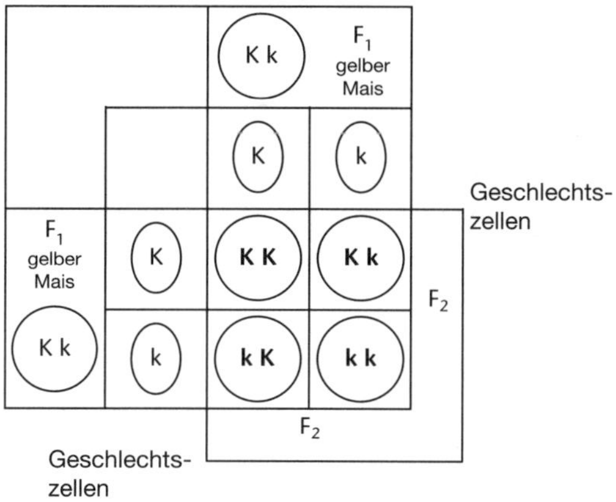

4

a) –

b) Bei der Meiose wird zufällig entschieden, welches Chromosom eines Chromosomenpaars auf welche Seite der Zelle gezogen wird, somit in welcher entstehenden Geschlechtszelle es enthalten ist. Genauso zufällig ist hier, ob die gezogene Münze Blatt oder Zahl zeigt. Nach der Befruchtung liegt jedes Chromosom wieder doppelt vor und die auf ihm liegenden Allele können gleich sein oder verschieden; entsprechend werden die Münzen hier zu Paaren zusammengelegt, die nun die verschiedenen Kombinationen aufzeigen (Blatt/Blatt, Blatt/Zahl, Zahl/Zahl).

9.10 Die Mendelsche Regel von der Neukombination

Mendels Untersuchungen zu Erbgängen mit 2 Merkmalspaaren	3 Abb. 5
Regel von der Neukombination	Abb. 1
Erklärung am Erbschema	1 Abb. 1
Beispiele für Erbgänge	1 2 4 Abb. 2–4,6

1

A = schwarze Farbe (dominant), a = rotbraune Farbe (rezessiv)
B = einfarbig (dominant), b = gefleckt (rezessiv)

Genotyp	*Phänotyp*
AABB	schwarz/einfarbig
AaBB	schwarz/einfarbig
AABb	schwarz/einfarbig
AaBb	schwarz/einfarbig
aaBB	rotbraun/einfarbig
aaBb	rotbraun/einfarbig
AAbb	schwarz/gefleckt
Aabb	schwarz/gefleckt
aabb	rotbraun/gefleckt

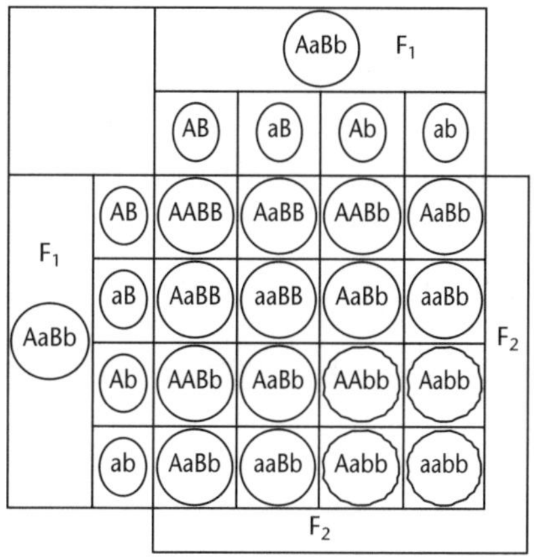

2

F = braun (dominant), f = weiß (rezessiv)
H = kurzhaarig (dominant), h = langhaarig (rezessiv)

Genotypen der P-Generation:
FFHH, ffhh
Genotypen der F_1-Generation:
alle FfHh (entsprechend der Uniformitätsregel)
Genotypen der F_2-Generation:
FFHH, FfHH, ffHH, FFHh, FfHh, ffHh, FFhh, Ffhh, ffhh
(entsprechend der Spaltungsregel und der Regel von der Neukombination)

Phänotypen der F_2-Generation:

braun/kurzhaarig, braun/langhaarig, weiß/kurzhaarig, weiß/langhaarig;

Verhältnis 9 : 3 : 3 : 1

3

G = gelber Samen (dominant), g = grüner Samen (rezessiv)

R = runde, glatte Form (dominant), r = runzelig (rezessiv)

H = grüne Hülse (dominant), h = gelbe Hülse (rezessiv)

F_1-Generation:

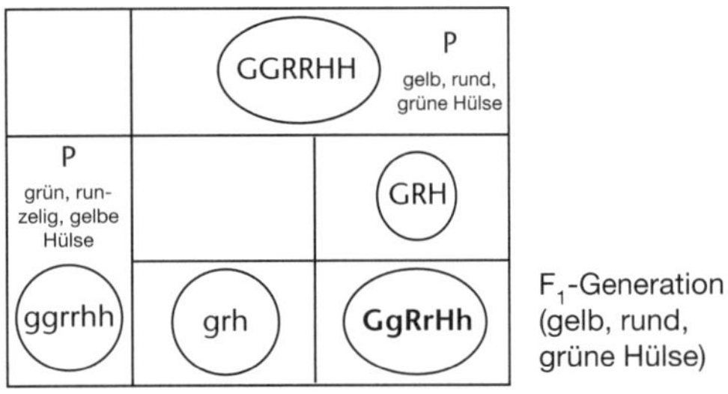

Alle Pflanzen der F_1 Generation haben den Genotyp GgRrHh und sind damit im Phänotyp gelb, rund und in einer grünen Hülse.

F_2-Generation:

Genotypen (Anzahl):

GGRRHH (1), GgRRHH (2), GGRrHH (2), GGRRHh (2), GgRrHH (4), GgRRHh (4), GGRrHh (4); GgRrHh (8), ggRRHH(1), ggRrHH (2), ggRRHh (2), ggRrHh (4), GGrrHH(1), GgrrHH (2), GGrrHh (2), GgrrHh (4), ggrrHH (1), ggrr(Hh) (2), ggHHrr (1), ggHhrr (2), GGhhrr (1), Gghhrr (2), gghhrr (1)

Phänotypen (Anzahl):

gelb/rund/grüneHülse (27),
grün/rund/grüneHülse (9),
gelb/runzelig/grüne Hülse (9),
gelb/rund/gelbe Hülse (9),
gelb/runzelig/gelbeHülse (3),
grün/rund/gelbe Hülse (3),
grün/runzelig/grüne Hülse (3)
grün/runzelig/gelbe Hülse (1)

F_1 (gelb, rund, grüne Hülse): GgRrHh

F_1: (gelb, rund, grüne Hülse): GgRrHh	GRH	gRH	GrH	GRh	grH	gRh	Grh	grh
GRH	GGRRHH	GgRRHH	GGRrHh	GGRRHh	GgRrHH	GgRRHh	GGRrHh	GgRrHh
gRH	GgRRHH	ggRRHH	GgRrHH	GgRRhH	ggRrHH	ggRRHh	GgRrHh	ggRrHh
GrH	GGRrHH	GgRrHH	GGrrHH	GGRrHh	GgrrHH	GgRrHh	GGrrHh	GgrrHh
GRh	GGRRHh	GgRRHh	GGRrHh	GGRRhh	GgRrHh	GgRRhh	GGRrhh	GgRrhh
grH	GgRrHH	ggRrHH	GgrrHH	GgRrHh	ggrrHH	ggRrHh	GgrrHh	ggrrHh
gRh	GgRRHh	ggRRHh	GgRrHh	GgRRhh	ggRrHh	ggRRhh	GgRrhh	ggRrhh
Grh	GGRrHh	GgRrHh	GGrrHh	GGRrhh	GgrrHh	GgrRhh	GGrrhh	Ggrrhh
grh	GgRrHh	ggRrHh	GgrrHh	GgRrhh	ggrrHh	ggRrhh	Ggrrhh	ggrrhh

F_2

4

Wenn die Panzerfarbe und die Augenfarbe unabhängige Merkmale wären, für deren Ausprägung es jeweils verschiedene Allele gibt, müssten irgendwann die Merkmalskombinationen weißer Panzer/grüne Augen und brauner Panzer/rote Augen auftreten. Da dies nicht der Fall ist, sind die Panzerfarbe und die Augenfarbe beim Krokodil offensichtlich durch Allele bestimmt, die auf einem Chromosom zusammen liegen, also immer aneinander gekoppelt sind. Mendels Regel der Neukombination gilt nur für voneinander unabhängig vererbte Allele.

9.11 Intermediäre Erbgänge

Correns Versuche	**1** Abb. 2
Erklärung am Erbschema	**5** Abb. 2,5
Intermediäre Erbgänge	**1** **3** **4** Abb. 3,4

1

1: WW
2: SS
3: SW
4: SW

Minorka-Hühner sind immer mischerbig (SW), bei der Weiterzucht werden daher immer wieder auch reinerbig schwarze (SS)und reinerbig weiße (WW) Hühner auftreten.

2

Verhältnis weiß : rosa : rot
Versuch 1) 1,02 : 2,03 : 1
Versuch 2) 1 : 2 : 1,01

Die Ergebnisse entsprechen fast genau dem theoretischen Verhältnis 1 : 2 : 1 für intermediäre Erbgänge.

3

R = rote Blüten, W = weiße Blüten, H = hellgrüne Blätter, D = dunkelgrüne Blätter

F1-Generation: alle Pflanzen haben rosa Blüten und mittelgrüne Blätter (Phänotyp RW/HD)

F1-Generation: Es treten Pflanzen mit allen Merkmalskombinationen auf:

Genotyp	*Phänotyp*
RR/HH	rote Blüten/hellgrüne Blätter
RW/HH	rosa Blüten/hellgrüne Blätter
WW/HH	weiße Blüten/hellgrüne Blätter
RR/HD	rote Blüten/mittelgrüne Blätter
RW/HD	rosa Blüten/mittelgrüne Blätter
WW/HD	weiße Blüten/mittelgrüne Blätter
RR/DD	rote Blüten/dunkelgrüne Blätter
RW/DD	rosa Blüten/dunkelgrüne Blätter
WW/DD	weiße Blüten/dunkelgrüne Blätter

4

Es handelt sich um einen intermediären Erbgang; nur bei solchen tritt nach Kreuzung zweier reinerbiger Eltern in der F1-Generation ein Misch-Merkmal auf. Tier a besitzt kein Allel des Dunkelfaktors, es ist reinerbig und im Phänotyp hellgrün. Tier c ist ebenfalls reinerbig und besitzt zwei Allele des Dunkelfaktors, es ist im Phänotyp olivgrün. Tier b ist ein Nachkomme von a und c, es besitzt ein Allel des Dunkelfaktors und prägt eine dunkelgrüne Farbe aus. (Bei einem dominant-rezessiven Erbgang hätte der Nachkomme den Phänotyp des Elternteils mit dominantem Allel.)

5

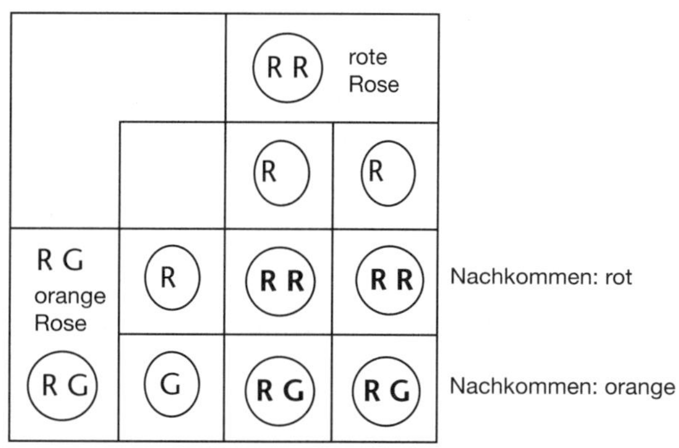

Bei Rückkreuzung einer orangen Rose (Genotyp RG) mit einer reinerbigen roten Rose (Genotyp RR) sind die Nachkommen im Verhältnis 1 : 1 rot (RR) oder orange (RG).

9.12 Züchtungsmethoden

Impuls:
Wie kommen Züchter zu neuen Sorten?
Übersicht über Züchtungsmethoden

Mutationszüchtung	1 Abb. 3
Kombinationszüchtung	2
Protoplastenfusion	Abb. 2
Gewebekultur	4 Abb. 4
Mikrosporenkultur	3 Abb. 5

1

Vorteile: einfache Handhabung; man kann gleichzeitig viele Organismen „behandeln"; wenn das Merkmal phänotypisch sichtbar ist, ist eine einfache Auslese möglich.
Nachteile: viele Mutationen führen zu Defekten, sodass die Pflanzen unbrauchbar sind; Mutationen sind nicht gerichtet, sondern unterliegen der Willkür; um das Merkmal zu halten, muss anschließend eine Auslese- und Kombinationszüchtung erfolgen
Der günstigste Zeitpunkt ist, den Samen zu behandeln; die Pflanze zu behandeln würde eine Mutation ergeben, die nicht in die nächste Generation weitergegeben werden kann.

2

Mittels Kombinationszüchtung werden die beiden Formen miteinander gekreuzt. Als F1-Generation entstehen Lupinen mit dem Genotyp BbPp (Bitterstoffe, empfindlich; dominante Merkmale prägen sich aus). Kreuzt man die F1-Generation miteinander, spaltet sich (→ 3. MENDELsche Regel) die F2-Generation im Verhältnis 9:3:3:1 auf. Damit erhält man auch die gewünschte Kombination bbpp reinerbig. Diese kann dann durch Auslesezüchtung weiter vermehrt werden.

3

a) Meiose → haploide Zellen, durch Zellteilung → mehrzellige, haploide Spore (Pollenkorn/Mikrospore) → Mitosen → Behandlung mit Colchizin → keine Trennung der homologen Chromosomen während der Zellteilung → Entstehung von Zellen ohne Chromosomen und diploide Zellen → Zellen ohne Chromosomen sterben ab; Auswaschung des Colchizins → diploide Zellen wachsen zur Pflanze (diploid, reinerbig)

b)

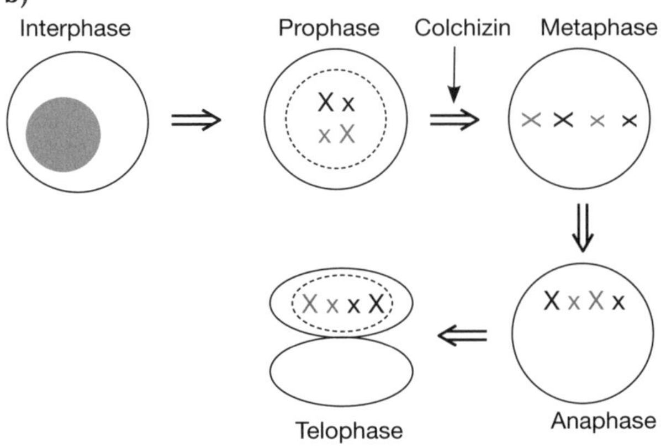

4

Um eine Gewebekultur herzustellen wird Pflanzenmaterial zerteilt. Anschließend werden die Pflanzenfragmente mit Enzymen versetzt, die die Zellwände der Zellen

auflösen. Es entstehen Protoplasten, die auf einen Nährboden mit Mineralsalzen und Pflanzenhormonen aufgebracht werden, um diese Zellen zu vermehren. Nach der Vermehrung werden die Zellen auf einen weiteren Nährboden überführt; hier wachsen die Zellen zu kleinen Pflanzen heran, die nach einer bestimmten Größe in einzelne Blumentöpfe überführt werden.
Die Gewebekultur wird zum Beispiel für die Mikrosporenkultur benutzt. Hierbei entstehen reinerbige Organismen, die in der Folge Züchtungszwecken dienen.

9.13 Modifikationen

Modifikation bei chinesischer Primel und Russenkaninchen	Abb. 1,2
Reaktionsnorm und Modifikationskurve	1 2 3 Abb. 3–5
Modifikation beim Menschen	4 Abb. 6
Variabilität	5

1

a) Mögliche Ursachen für die unterschiedliche Blattlänge der Buchenblätter könnten sein:
- unterschiedlich gute Versorgung mit Wasser und Mineralsalzen
- unterschiedliche Lichtintensität
- unterschiedliche Temperatur (im Schatten, in der Sonne)
- unterschiedliche Position im Baum

Zum Beweis können Teile einer Pflanze separiert und unterschiedlichen Umwelteinflüssen ausgesetzt werden (Temperatur, Licht, Wasser- und Mineralsalzversorgung, etc.). Unterschiede, die in der Blattlänge auftreten, können dann nicht genetisch bedingt sein, da alle Blätter von einer Pflanze stammen und somit dieselbe Erbinformation tragen.
b) *Umschlagende Modifikationen* zeigen sich durch klar abgrenzbare Merkmalsausprägungen: Die Fellfarbe des Russenkaninchens ist entweder nur weiß oder schwarzweiß, genauso ist die Chinesische Primel entweder weiß oder rot blühend. Dagegen haben *fließende Modifikationen* nicht klar von einander trennbare Übergänge: Die Länge der Buchenblätter kann innerhalb der Reaktionsnorm beliebig variieren.

2

Die Pflanze, die aus dem kleinen Samen hervorging, wurde unter günstigen Umwelteinflüssen gehalten und bildete große Samen. Die Pflanze, die aus dem großen Samen heranwuchs, wurde unter ungünstigen Umweltbedingungen gehalten und bildete kleine Samen. Die Größe der Samen ist also nicht vererbt, sondern im Rahmen der genetisch vorgegebenen Reaktionsnorm von Umwelteinflüssen abhängig: Unter günstigen Bedingungen können große, unter schlechten Bedingungen nur kleine Samen ausgebildet werden.

3

a) Auf der x-Achse ist die Länge der Bohnensamen aufgetragen, auf der y-Achse die Anzahl an Samen. Die Kurve zeigt, dass die Länge der von einer Pflanze nach Selbstbestäubung gebildeten Samen um einen Mittelwert variiert: Sehr viele Samen haben eine mittlere Länge, zu den Seiten (kürzere und längere Samen) fällt die Kurve ab.
b) Modifikationen beschreiben die unterschiedliche Ausprägung eines Merkmals bei gleicher Erbinformation durch Umwelteinflüsse. Die unterschiedliche Körpergröße der Menschen in Deutschland beschreibt keine Modifikation, da alle Menschen unterschiedliche Erbinformation für das Merkmal Körpergröße tragen; mögliche zusätzliche Modifikationen durch Umwelteinflüsse (z. B. Ernährung) können von den großen genetischen Unterschieden nicht getrennt werden.

4

Mit zunehmender Zeit und Höhe steigt durch Modifikation die durchschnittliche Anzahl an roten Blutkörperchen. Diese Veränderungen sind eine Anpassung des Körpers an den niedrigeren Luftdruck in hohen Lagen und damit der zunehmenden Schwierigkeit, Sauerstoff im Blut zu binden. Um dies auszugleichen, produziert der Körper mehr rote Blutkörperchen, um ausreichend viel Sauerstoff zur Versorgung der Körperzellen aufnehmen zu können. Wenn Hochleistungssportler an hoch gelegenen Orten trainieren, finden dieselben Anpassungen des Körpers statt und es werden mehr rote Blutkörperchen gebildet. Bei einem anschließenden Wettkampf an einem niedriger gelegenen Ort sind diese immer noch im Blut der Sportler vorhanden und erhöhen so die Leistungsfähigkeit, da mehr Sauerstoff pro Zeit aufgenommen wird und die Muskeln besser versorgt werden können.

5

Genetische Variabilität geht auf die Durchmischung der Erbanlagen bei sexueller Fortpflanzung zurück. Da jedes Individuum zwei Allele zur Merkmalsausprägung trägt, aber nur eines an die nächste Generation weitergibt, kommt es zu immer neuen Kombinationen der genetischen Information, die die Ausprägung von Merkmalen bedingen. Zusätzlich können bei der Ausbildung eines Merkmals Modifikationen durch Umwelteinflüsse auftreten; diese sind nicht vererbbar, führen aber ebenfalls zu einer erhöhten Variabilität innerhalb der Ausprägung eines Merkmals.

M Erstellen einer Modifikationskurve mit Excel©

–

9.14 Chromosomentheorie der Vererbung

Mendels Hypothesen	Abb. 1,2
Ergebnisse der Zellforschung	Abb. 1,2
Chromosomentheorie der Vererbung	Abb. 1,2
Wiederholung/Lexikon	

–

10 Genetische Familienberatung

10.1 Genetisch bedingte Behinderung: Trisomie 21

Merle – ein Kind mit Trisomie 21		Abb. 1
Nicht-Trennung der Chromosomen bei der Meiose als Ursache der Trisomie 21	2	
Mögliche Zusammenhänge mit dem Alter der Mutter	1	Abb. 5
Vorgeburtliche Diagnostik: Amniozentese	2	Abb. 3
Genetische Beratung	4	Abb. 4
Ethische Problemstellungen	3	

1

Die Grafik zeigt die Wahrscheinlichkeit für die Geburt eines Kindes ohne Trisomie 21 in Abhängigkeit vom Alter der Mutter in Jahren. Im Alter von 15–25 Jahren liegt diese Wahrscheinlichkeit bei praktisch 100%. Bis zum Alter von etwa 35 Jahren sinkt die Wahrscheinlichkeit um nur wenige Zehntel Prozent. Mit etwa 40 Jahren wird die Wahrscheinlichkeit von 99% leicht unterschritten. Mit zunehmendem Alter der Mutter sinkt jetzt die Wahrscheinlichkeit zunehmend, bis sie mit 48 Jahren bei etwa 91% liegt.

2

Bei der Amniozentese erfolgt in der 13. oder 14. Schwangerschaftswoche die Entnahme von Fruchtwasser aus der Gebärmutter. Dazu wird mit einer Kanüle die Bauch- und die Gebärmutterwand durchstochen. In dem Fruchtwasser befinden sich Zellen, die sich vom Fetus abgelöst haben. Durch eine Zentrifugation lassen sich die Zellen von dem Fruchtwasser trennen. Das Fruchtwasser kann mit verschiedenen biochemischen Tests weiter untersucht werden. Bis zur Erstellung eines Karyogramms vergehen noch zwei bis drei Wochen. In dieser Zeit vermehren sich die Zellen in Zellkulturen. Das fertige Karyogramm zeigt in der Abbildung keine Abweichungen. Es handelt sich um einen Jungen ohne Trisomien.

3

Position 1: Ich will nichts wissen und werde keine Amniozentese machen lassen.
Zu dieser Aussage hat die Überlegung geführt, das Kind so zu akzeptieren, wie es zur Welt kommen wird. Eine Abtreibung kommt nicht in Frage, allerdings wird eine potentielle Dilemmasituation auch bewusst vermieden.
Position 2. Ich traue mir ein Leben mit einem behinderten Kind nicht zu und werde gegebenenfalls abtreiben.
Die Schwangere sieht durch die Fortsetzung der Schwangerschaft ihre körperliche und seelische Gesundheit gefährdet.
Position 3: Ich will das Ergebnis wissen, werde aber nicht abtreiben, wenn eine Trisomie 21 vorliegt.
Zu dieser Aussage hat die Überlegung geführt, das Kind so zu akzeptieren, wie es zur Welt kommen wird, sich im Falle einer Trisomie aber schon vor der Geburt auf die Behinderung des Kindes einstellen zu wollen. Eine Abtreibung kommt nicht in Frage. Im Unterschied zu Position 1 besteht aber hier der Wunsch nach einer frühen Absicherung über die Methode der Amniozentese.
Position 4: Ich weiß gar nicht, wie ich mich verhalten soll.
Diese Schwangere befindet sich in einer Dilemmasituation. Es stehen sich die Handlungsmöglichkeiten so entgegen, dass jede Entscheidung zu einem nicht gewünschten Resultat führt. Möglicherweise führt jede denkbare Entscheidung zur Verletzung von Wertvorstellungen.

4

–

M Untersuchung von Stammbäumen

1

A: 2 → auf dem Y-Chromosom
B: 5 → autosomal resessiv
C: 4 → X-chromosomal resessiv
D: 1 → autosomal dominant
E: 3 → X-chromosomal dominant

10.2 Anwendungen von Stammbaumuntersuchungen

Bluterkrankheit Bluterkrankheit im Hochadel	Abb. 1,2
Genetische Beratung	Abb. 2
Rot-Grün-Sehschwäche	2 Abb. 4
Verwandten-Ehen	1 3 Abb. 3,5

1

Die Schülerinnen und Schüler bestimmen ihren möglichen Genotyp pro Merkmal. Anschließend können die Ergebnisse gesammelt und statistisch ausgewertet werden und Angaben über die genetische Vielfalt in der Klasse gemacht werden.

2

Die Krankheit wird X-chromosomal-resessiv vererbt; da Männer nur ein X-Chromosom haben, tritt die Krankheit bei ihnen phänotypisch häufiger in Erscheinung. Frauen besitzen zwei X-Chromosomen; hier reicht ein „gesundes" X-Chromosom, sodass die Krankheit nicht auftritt. Allerdings können sie Überträgerinnen des Merkmals sein.

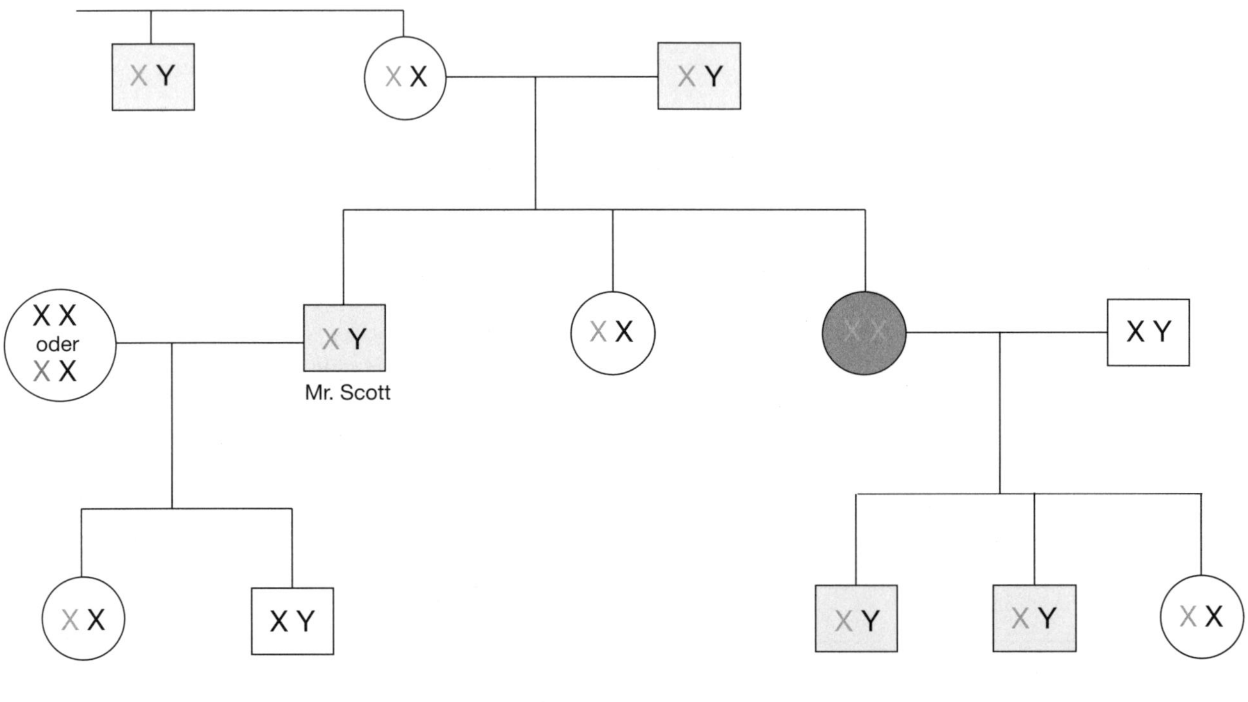

3

Das Verbot ist sehr sinnvoll, da durch Verbindungen zwischen Geschwistern oder nahen Verwandten Erbkrankheiten massiv in einer Familie auftreten können.

10.3 Der Mensch – Gene und Umwelt

Ist der Mensch ein Produkt seiner Umwelt und/oder seiner Gene?	Abb. 1
Genetischer Determinismus und Umwelt-Determinismus am Beispiel des Spracherwerbs	**1** Abb. 2
Modelle zum Zusammenwirken von Genen und Umwelt	**2** Abb. 3,4
Genetischer Determinismus und Umwelt-Determinismus im Gedankenexperiment: • Spracherwerb (Fremdsprache) • Geschlechterrollen • Aggressives Verhalten	**1** Abb. 2
Ideologien und ethische Bewertung:	**4** Abb. 2,4

1

Die Abbildungen 1 und 2 zeigen grundlegende Vorstellungen zur Frage, ob der Mensch das Produkt seiner Umwelt und/oder seiner Gene ist.
Abbildung zwei visualisiert drei grundlegende Positionen:
a: Die Position des genetischen Determinismus. Sie nimmt an, dass der Mensch und sein Verhalten allein durch seine Gene festgelegt ist.
b: Die Position des Umwelt-Determinismus. Sie ist der Position des genetischen Determinismus entgegengesetzt. Sie nimmt an, dass der Mensch als „unbeschriebenes Blatt" („tabula rasa") zur Welt kommt und allein durch die Umwelt zu dem wird, was er ist.
c: Gene und Umwelt wirken zusammen, sie sind keine Gegensätze, die sich ausschließen. Der Mensch ist Teil der Evolution und schon durch diese Angepasstheit kein „unbeschriebenes Blatt". Die Gene tragen somit ein evolutionäres Erbe, das dem Gehirn ermöglicht, Verhalten, Erfahrungen, Gedächtnisinhalte und Gefühle individuell in Wechselwirkung mit der Umwelt zu verschränken.
Am Beispiel des Spracherwerbs wird deutlich, dass die genetischen Voraussetzungen zur Gehirnentwicklung diesen überhaupt erst möglich machen. Die Individualität des Spracherwerbs hängt von der kulturellen Umwelt ab.
Die Positionen a und b treffen nicht zu, richtig ist die Position c. Offen bleibt, in welchem Verhältnis genetisch bedingte und umweltbedingte Merkmale zueinander stehen.

2

a) Das Modell zeigt den theoretischen mathematischen Zusammenhang genetisch bedingter und umweltbedingter Merkmale, dieser ließe sich zum Beispiel prozentual angeben. (In der Abbildung bedeutet der linke Rand 100% umweltbedingt, der rechte Rand 100% genetisch bedingt.)
Position I zeigt auf ein mögliches Merkmal, das zu etwa 40% umweltbedingt und zu etwa 60% genetisch bedingt ist.
Position II zeigt auf ein mögliches Merkmal, das zu jeweils etwa 50% umwelt- und genetisch bedingt ist.
Position III zeigt auf ein mögliches Merkmal, das zu etwa 60% umweltbedingt und zu etwa 40% genetisch bedingt ist.
b) Abbildung 4 zeigt einen Ausschnitt aus einer handschriftlich verfassten Partitur neben dem Foto eines Orchesters mit seinem Dirigenten. Im bildhaften Modell symbolisiert die Partitur als untereinander angeordnete codierte Zusammenstellung aller Einzelstimmen einer Komposition das Genom. Partituren werden auch verwendet, um Musik reproduzierbar zu speichern, eine weitere Entsprechung zu den Genen. Die Realisierung

dieser Information erfolgt durch die Musiker, koordiniert durch ihren Dirigenten.
Deutlich wird die kulturelle Umwelt, in der die verschlüsselten Informationen als Konzert abgerufen werden. Jeder einzelne Musiker realisiert dabei eine Einzelstimme aus der Partitur, möglicherweise die Information eines Gens; jedes Orchester spielt dasselbe Stück leicht unterschiedlich.
(Viele weiterführende Gedanken sind möglich.)

3

a) Genetischer Determinismus
- Erlernen einer Fremdsprache:
  Wäre diese Fähigkeit zu 100% genetisch bedingt, hätten alle Menschen diese Fähigkeit in gleichem Maße oder gar nicht.
- Geschlechterrollen von Mann und Frau:
  Die Geschlechterrollen wären bei der Geburt bereits festgelegt. Es gäbe keine individuellen oder kulturellen Unterschiede.
- aggressives Verhalten gegenüber anderen Menschen:
  Aggressives Verhalten wäre ein möglicher „Normalzustand". Der Mensch wäre kein soziales Wesen, das sich in seinem Verhalten ändern kann.

b) Umwelt-Determinismus:
- Erlernen einer Fremdsprache:
  Alle Menschen könnten unter möglichst optimalen Lernbedingungen in der entsprechenden Umwelt alle Fremdsprachen gleich leicht erlernen.
- Geschlechterrollen von Mann und Frau:
  Die Geschlechterrollen wären ausschließlich durch die jeweils kulturellen Vorstellungen (z. B. patriarchaisch oder matriarchaisch) geprägt.
- Aggressives Verhalten gegenüber anderen Menschen:
  Der Mensch wäre ausschließlich durch seine Umwelt zu aggressivem oder friedlichem Verhalten gegenüber anderen Menschen „erziehbar".

4

WATSONs Behauptungen sind der Position b in Abbildung 2 zuzuordnen, da die offensichtlich auch genetisch bedingten Aspekte wie „Talente" und „Fähigkeiten" missachtet werden sollen.
(Bei der Diskussion und der ethischen Bewertung der Aussagen WATSONs sollte ein Schwerpunkt auf der notwendigen Korrektur des umwelt-deterministischen Ansatzes liegen. Die Individualität und die Würde des Menschen müssen beachtet werden.)

M Basiskonzepte zum Thema „Vererbung"

–

11 Sexualerziehung

11.1 Pubertät

Hormonelle Veränderungen	**1** Abb. 1,2

Körperliche Veränderungen	**2** Abb. 1–3

1

Hormone	**Ausgangsort**	**Zielort**	**Wirkung**
Freisetzungs-hormone	Hypothalamus	Hypophyse	Abgabe von FSH und LH ins Blut
LH	Hypophyse	Hoden Eierstöcke	Bildung von Androgenen Bildung von Gestagenen
FSH	Hypophyse	Hoden Eierstöcke	Heranreifen der Spermien unter Zusammenwirken mit Androgenen Bildung von Östrogenen
Androgene	Hoden	Hoden Kehlkopf unspezifisch	Heranreifen der Spermien, Wachstum von Hoden und Penis (mit FSH-Wirkung) Wachstum führt zum Stimmbruch und anschließend tieferer Stimme Längenwachstum, Ausprägung der Körperform, Bartwuchs, Achsel-, Scham- und sonstige Körper-behaarung
Gestagene Östrogene	Eierstöcke	Eierstöcke Brustdrüsen unspezifisch	Wachstum; Heranreifen der Eizellen Wachstum Längenwachstum, Ausprägung der Körperform, Achsel-, Schambehaarung

2

a) Ein Mitesser entsteht, wenn sich verhornte Zellen mit Talg vermischen, zusammenkleben und damit den Ausführgang des Follikeltrichters verstopfen.
Akne entsteht, wenn Bakterien in den Mitesser einwandern und eine Entzündung des Talgdrüsenfollikels hervorrufen. Es entsteht ein mit Eiter gefülltes Bläschen bzw. in tieferen Hautschichten ein schmerzhafter Knoten.

b) Die in den männlichen Keimdrüsen gebildeten Androgene regen die Talgdrüsen zur vermehrten Talgbildung an, was die Entstehung von Akne fördert. Bei Mädchen hemmen Östrogene die Entstehung von Akne.

3

- Fortpflanzung und Vererbung
- Information und Kommunikation
- Steuerung und Regelung

11.2 Geschlechtsreife bei Jungen

Spermien	2 3 Abb. 2

Männliche Geschlechtsorgane und ihre Funktion	1 3 Abb. 1

1

–

2

Bildung in den Hoden – Ausreifung und Speicherung in den Nebenhoden – Transport durch Samenleiter unter Anreicherung mit Sekreten bei der Passage der Bläschendrüse und Prostata – nach Passage der Prostata Transport durch Harn-Samen-Röhre und Verlassen des Körpers.

3

Bei Pflanzen stellen Samen die Nachkommen einer Pflanze dar, die sich nach einer Befruchtung entwickeln, nachdem also die Zellkerne einer männlichen und einer weiblichen Geschlechtszelle miteinander verschmolzen sind. Spermien sind die männlichen Geschlechtszellen. Der Begriff „Samen" wird demnach doppeldeutig verwendet, was zu missverständlichen Vorstellungen führen kann.

4

Die Kerntemperatur des Menschen liegt bei etwa 36,5 °C, deutlich höher als die für die Spermienreifung notwendige Temperatur. Durch die „Auslagerung" der Hoden/Nebenhoden in den Hodensack ist die erforderliche Temperaturregulation und -anpassung möglich.

11.3 Geschlechtsreife bei Mädchen

Follikel	1 2 3 Abb. 2,3,5

Weibliche Geschlechtsorgane und ihre Funktion	1 4 Abb. 1,2

1

1. Stadium	1. – 4. Tag	Der zunächst kleine Follikel wächst; Eizelle und sie umgebende Zellschichten sind gut zu erkennen.
2. Stadium	5. – 10. Tag	Größe des Follikels nimmt stark zu; starke Vermehrung der Granulosazellen; Ausbildung der Follikelhöhle.
3. Stadium	11. – 12. Tag	Weitere Größenzunahme des Follikels; deutliche Vermehrung der Granulosazellen; starke Vergrößerung der Follikelhöhle und damit einhergehende Verlagerung der Eizelle in den Randbereich des Follikels.
4. Stadium	13. – 14. Tag	Follikel ist ausgereift: Eizelle befindet sich am Rand.

2

a)

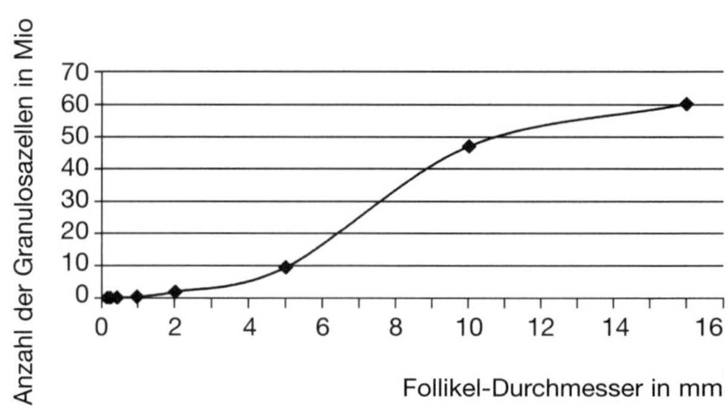

b) Da die Anzahl der Östrogen bildenden Granulosazellen im Verlauf der Follikelreifung entsprechend der Darstellung in a) zunimmt, verhält sich die Zunahme der Östrogenmenge entsprechend.

3

Beim Menschen bekommt ein sich entwickelnder Embryo/Fetus während der Schwangerschaft alle benötigten Nährstoffe über die Plazenta zugeführt. Da die Entwicklung eines Kükens im Ei erfolgt, ohne die Zufuhr von Nährstoffen von außen, sind in der Hühnereizelle alle benötigten Nährstoffvorräte für das Küken bis zum Schlüpfen enthalten.

11.4 Hormonelle Regulation des weiblichen Zyklus

Hormone des Hypothalamus und der Hypophyse	1 2 3

Östrogene und Gestagene und ihre Funktion	1 2 3 4 Abb. 1–3

1

Tag 1:
- Beginn der Regelblutung
- Gehalt im Blut an
  - FSH relativ hoch, bei etwa 20 rel. Einheiten;
  - LH niedrig, bei etwa 5 rel. Einheiten;
  - Östrogen niedrig, bei etwa 0,02 µg/l;
  - Progesteron niedrig, bei etwa 0 µg/l;
- Körpertemperatur bei etwa 36,5 °C

Tag 5:
- Regelblutung beendet
- Gehalt im Blut an
  - FSH gestiegen, bei etwa 30 rel. Einheiten;
  - LH niedrig, bei etwa 5 rel. Einheiten;
  - Östrogen gestiegen, bei etwa 0,05 µg/l;
  - Progesteron niedrig, bei etwa 0 µg/l;
- Körpertemperatur bei etwa 36,5 °C

Tag 10:
- Gebärmutterschleimhaut baut sich auf
- Gehalt im Blut an
  - FSH fast niedrigster Wert, bei etwa 10 rel. Einheiten;
  - LH niedrig (s. o.), kurz vor steilem Anstieg;
  - Östrogen gestiegen, bei etwa 0,1 µg/l;
  - Progesteron niedrig, bei etwa 0 µg/l;
- Körpertemperatur bei etwa 36,5 °C

Tag 15:
- Gebärmutterschleimhaut baut sich weiter auf
- Gehalt im Blut an
  - FSH von Peak bei etwa 25 rel. Einheiten am 14. Tag gefallen auf knapp 20 rel. Einheiten;
  - LH von Peak bei 50 rel. Einheiten am 14. Tag gefallen auf knapp 30 rel. Einheiten;
  - Östrogen von Peak bei 0,35 µg/l am 13. Tag gefallen auf 0,3 µg/l;
  - Progesteron gestiegen, bei etwa 5 µg/l;
- Körpertemperatur 37 °C, sprunghaft angestiegen

Tag 20:
- Gebärmutterschleimhaut baut sich weiter auf
- Gehalt im Blut an
  - FSH unverändert, bei etwa 20 rel. Einheiten;
  - LH gesunken, bei etwa 20 rel. Einheiten;
  - Östrogen mit leichtem Peak bei 0,2 µg/l;
  - Progesteron minimal gesunken auf 0,35 µg/l nach Maximum am 17. Tag;
- Körpertemperatur unverändert hoch

Tag 25:
- Gebärmutterschleimhaut maximal aufgebaut
- Gehalt im Blut an
  - FSH unverändert, bei etwa 20 rel. Einheiten;
  - LH fast auf minimalen Wert gesunken;
  - Östrogen gesunken, bei etwa 0,1 µg/l;
  - Progesteron steil gesunken, bei 0,15 µg/l;
- Körpertemperatur unverändert hoch, aber kurz vor steilem Abfall am 27. Tag

2

1 FSH:	Anstieg bis zum 5. Tag, zweiter Peak um 14. Tag
2 Östrogen:	Anstieg mit extremem Peak um 14. Tag und schwächerem Peak um 20. Tag

3 LH: Anstieg mit Peak um 14. Tag
4 Progesteron: niedrige Werte bis um 14. Tag und Anstieg bis zum 18. Tag

3

In Abbildung a) ist dargestellt, bei wie viel Prozent der Frauen der Zyklus wie lange dauert:
bei weniger als 1% setzt die Blutung schon nach 20 Tagen ein;
bei 15% beträgt die Zykluslänge 25 Tage
bei 15% beträgt die Zykluslänge 28 Tage
bei gut 10% beträgt die Zykluslänge 30 Tage
bei etwa 2% beträgt die Zykluslänge 33 Tage
bei etwa 2% beträgt die Zykluslänge 36 Tage
bei etwa 2% beträgt die Zykluslänge 42 Tage

Die immer als „normal" angegebenen 28 Tage für eine Zykluslänge sind nur bei 15% der Frauen zu beobachten.
In Abbildung b) ist dargestellt, bei wie viel Prozent der Frauen an welchem Zyklustag der Eisprung stattfindet:
bei etwa 5% ist dies der 10. Zyklustag;
bei etwa 18% ist dies der 13. Zyklustag;
bei etwa 14% ist dies der 14. Zyklustag;
bei etwa 6% ist dies der 15. Zyklustag;
bei etwa 1% ist dies der 19. Zyklustag;
Der immer als „normal" angegebene 14. Zyklustag für das Eintreten des Eisprungs liegt nur bei 14% der Frauen vor.

4

–

11.5 Befruchtung und Einnistung

Befruchtung und Zellteilung	**1** **4** Abb. 1,3
Einnistung und Schwangerschaft	**1** **2** **3**

2

- Der Verlauf der Kurve von FSH verändert sich nach der Einnistung nicht gegenüber dem Verlauf in einem normalen Zyklus.
- Der Verlauf der Kurve von LH verändert sich nach der Einnistung nicht gegenüber dem Verlauf in einem normalen Zyklus.
- Im Vergleich zum normalen Zyklus bleibt die Progesteronmenge nach der Einnistung auf maximalem

1

Eisprung		**im Eierstock**
1–6 Std. nach Eisprung	Befruchtung der Eizelle	im Eileiter
30 Std. nach Eisprung	Teilung des Embryos in zwei identische Tochterzellen	im Eileiter
60 Std. nach Eisprung	Weitere Teilungen bis zum 8-Zellen-Stadium	im Eileiter
3 Tage nach Eisprung	Weitere Teilungen bis zum Blasenkeim	im Gebärmuttereingang
6–7 Tage nach Eisprung	Blasenkeim beginnt sich in Gebärmutterschleimhaut einzunisten	in der Gebärmutter
9–10 Tage nach Eisprung	Einnistung des Embryos ist abgeschlossen und Schwangerschaft beginnt	in der Gebärmutter

Niveau, während sonst um den 18. Zyklustag ein Abfallen der Kurve zu beobachten ist.
- Im normalen Zyklus sinkt die Östrogenkurve um den 20. Zyklustag nach einem leichten Peak bis zum Zyklusende kontinuierlich ab, nach der Einnistung dagegen tritt statt des Abfalls eine leichte Zunahme der Östrogenmenge auf einen Wert ein, welcher zunächst so erhalten bleibt.
- Der Gelbkörper bleibt zunächst erhalten.

3

a) Die Einnistung des Embryos führt zur Bildung von HCG, HCG wird im Urin nachgewiesen, eine Schwangerschaft liegt vor.
Findet keine Einnistung des Embryos statt, wird kein HCG gebildet, HCG wird nicht im Urin nachgewiesen, es liegt keine Schwangerschaft vor.
b) Ein hoher Östrogengehalt hemmt die Freisetzung von FSH und verhindert so das Heranreifen weiterer Follikel (s. u.). Hohe Östrogen-/Progesteron-Gehalte bewirken den Erhalt der aufgebauten Gebärmutterschleimhaut.
c) FSH bewirkt das Heranreifen eines Follikels. Östrogene hemmen die Freisetzung von FSH. Daraus folgt: Der hohe Pegel an Östrogenen nach der Einnistung des Embryos hemmt damit die Freisetzung von FSH. Ohne FSH reift kein weiterer Follikel heran (vgl. 10.4).

4

Entstehung zweieiiger Zwillinge (Abb. links):
Hier liegt der Regelfall nicht vor: Es sind in einem Zyklus zwei Follikel ausgereift. Jede der beiden Eizellen wird von einem Spermium befruchtet. Aus der befruchteten Eizelle entstehen jeweils zwei identische Tochterzellen, die sich wieder teilen, sodass zwei 4-Zellen-Stadien vorliegen. Aus jedem der beiden 4-Zellen-Stadien geht nach weiteren Teilungen ein Blasenkeim hervor. Beide Blasenkeime nisten sich in der vorbereiteten Gebärmutterschleimhaut ein, und es entwickeln sich zwei Embryonen bzw. Feten in getrennten Fruchtblasen und jeweils eigener Plazenta.
Entstehung eineiiger Zwillinge (Abb. rechts):
Hier liegt der Regelfall vor, dass in einem Zyklus nur ein Follikel ausgereift ist. Die Eizelle wird von einem Spermium befruchtet. Aus der befruchteten Eizelle entstehen zwei identische Tochterzellen. Entgegen dem Regelfall (anschließendes 4-Zellen-Stadium) lösen sich die identischen Tochterzellen voneinander. Aus jeder dieser beiden Tochterzellen entwickelt sich nach Durchlaufen der verschiedenen Teilungsstadien ein Blasenkeim. Beide Blasenkeime nisten sich in der vorbereiteten Gebärmutterschleimhaut ein und es entwickeln sich zwei Embryonen bzw. Feten in einer gemeinsamen Fruchtblase und einer gemeinsamen Plazenta.

11.6 Die Plazenta

Aufbau der Plazenta	Abb. 1,2
Funktion der Plazenta	1 2 3 4 Abb. 1–3

1

Über die Gefäße der Nabelschnur gelangt das kohlenstoffdioxidreiche Blut in die Zotten, die von der stark durchbluteten Gebärmutterschleimhaut umgeben sind. Das kohlenstoffdioxidreiche Blut in den embryonalen Zotten wird vom mütterlichen Blut umspült. Dabei findet ein Austausch verschiedener Stoffe zwischen embryonalem und mütterlichem Blut statt, z. B. gibt das Blut des Embryos Kohlenstoffdioxid ins mütterliche Blut ab und nimmt aus diesem Sauerstoff auf. Das sauerstoffreiche Blut in den embryonalen Zotten fließt in Richtung Nabelschnur und gelangt in den embryonalen Kreislauf.

2

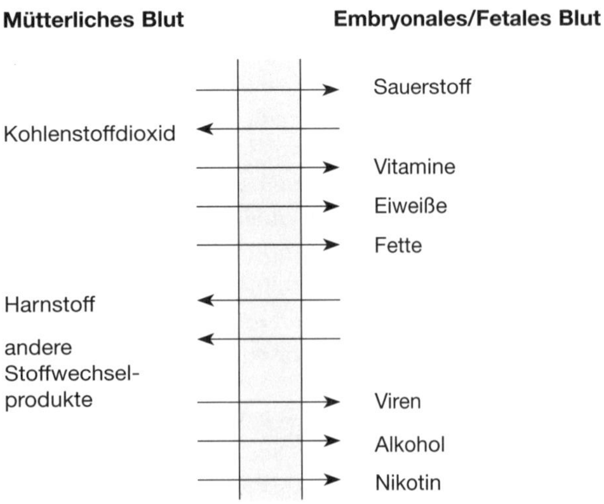

3

z. B.:
Der Embryo trinkt mit!
Alkohol darf nicht an „Minderjährige" abgegeben werden!

4

a) Die rosafarbene Kurve stellt die relativen Verkaufsmengen von Thalidomid dar. Der Absatz beginnt laut Grafik im Jahr 1959 und steigt bis 1960 an. Im Laufe des Jahres 1961 sinken die Absatzzahlen, ab Mitte des Jahres rapide auf 0, da das Medikament vom Markt genommen wird.
Die Kurve, die das Auftreten der spezifischen Missbildungen darstellt, hat einen ähnlichen Verlauf wie die Absatzkurve, jedoch mit einem etwa neunmonatigen Versatz.
Anzumerken aber ist:
- Im Verlauf des Jahres 1959 wurden Missbildungen erfasst, obwohl keine Absatzzahlen im Jahr 1958 vorliegen.
- Man könnte aufgrund der Verlaufs-Übereinstimmungen der beiden Kurven den Schluss ziehen, dass Thalidomid nur an Schwangere verkauft wurde; das ist so aber bestimmt nicht richtig.

b) Die Einnahme von Medikamenten in der Schwangerschaft ist generell problematisch, da man in den meisten Fällen nicht beurteilen kann, ob Bestandteile der Medikamente in welchem Ausmaß ins embryonale/fetale Blut gelangen. Sollte das der Fall sein, weiß man nicht, in welchem Entwicklungszeitraum welche Schäden bei Embryo/Fetus hervorgerufen werden.

11.7 Schwangerschaft und Geburt

Entwicklung während der Schwangerschaft	1 2 3 Abb. 1,2
Umstellung des Blutkreislaufs	4 Abb. 3

1

- Vor der 16. Woche ist der Fetus bereits zu erkennen.
- Bis zur 16. Woche ist der Fetus stark gewachsen. Durch die vergrößerte Gebärmutter wird die Lage von Dünn-, Dickdarm und Magen leicht verschoben. Die Schwangerschaft ist äußerlich erkennbar.
- Bis zur 28. Woche ist der Fetus stark gewachsen. Sein Kopf liegt in Richtung Gebärmutterausgang. Die Lage der inneren Organe der Mutter verändert sich weiter. Auch die Harnblase ist betroffen. Der mütterliche Bauch wölbt sich stärker vor.
- Bis zur 36. Woche ist der Fetus stark gewachsen. Die Lage der inneren Organe der Mutter verändert sich weiter. Die Brustdrüsen sind gewachsen.
- Bis zur 40. Woche ist der Fetus stark gewachsen. Sein Kopf rutscht tiefer ins Becken. Die Lage der inneren Organe der Mutter verändert sich weiter. Die Brustdrüsen sind gewachsen.

Die Bauchmuskeln werden im Verlauf einer Schwangerschaft stark gedehnt, die Rückenmuskeln müssen sich in jeder Körperhaltung den durch die Schwangerschaft bedingten Gewichtsveränderungen ständig anpassen bzw. diese kompensieren. Zusätzliche Belastungen von außen können reduziert werden, wenn einer Schwangeren
- das Tragen von schweren Dingen abgenommen wird.
- langes Stehen durch Anbieten eines Sitzplatzes im Bus erspart wird.

- einige Wege, die z. B. mit Treppensteigen verbunden sind, abgenommen werden.
- Tätigkeiten abgenommen werden, die größere Beweglichkeit erfordern, wie Fensterputzen oder Benutzung von Treppenleitern.

2

Kerne von Eizelle und Spermium verschmolzen – befruchtete Eizelle mehrfach geteilt – Blasenkeim in Gebärmutterschleimhaut eingenistet – Entwicklung des Embryo in der Fruchtblase begonnen – Finger und Zehen an den Gliedmaßen erkennbar – alle Organe angelegt – Bewegungen des Fetus spürbar – Organe voll entwickelt – Fetus Schädellage angenommen.

3

a) Eine schwangerschaftsbedingte Gewichtszunahme beginnt etwa in der 10. Schwangerschaftswoche (SSW).
- Während das Gewicht des Fetus bis zur 20. SSW auf etwa 0,3 kg allmählich ansteigt, nimmt es bis zur 30. SSW bis auf etwa 1,5 kg zu und hat gegen Ende der Schwangerschaft einen Wert von etwa 3,4 kg erreicht.
- Das Gewicht des Fruchtwassers nimmt allmählich zu und erreicht seinen maximalen Wert von knapp 1 kg etwa in der 35. SSW, um dann leicht bis zum Geburtstermin abzufallen.
- Die Gewichtszunahme der Plazenta erfolgt fast kontinuierlich bis zum maximalen Wert von etwa 0,75 kg am Ende der Schwangerschaft.

b)

SSW	Fetus [kg]	Fruchtwasser [kg]	Plazenta [kg]	Gesamtgewicht
20	0,4	0,45	0,2	1,05 kg
30	1,5	0,85	0,5	2,85 kg
40	3,4	0,9	0,8	5,1 kg

4

Blutkreislauf beim Fetus:
Das sauerstoffreiche, arterielle Blut aus der Plazenta fließt über die Nabelvene in Richtung Herz. Durch den Zufluss venösen Mischblutes aus dem Körperkreislauf bzw. venösen Blutes aus den Beinen, gelangt nun arterielles Mischblut in die rechte Herzkammer. Ein Teil des arteriellen Mischblutes gelangt über ein Loch in der Herzscheidewand in die linke Herzkammer. Der andere Teil fließt – durch den Zufluss venösen Blutes aus dem Kopfkreislauf – als venöses Mischblut in die Lunge bzw. über den „Botalli-Gang" in den Körperkreislauf. Aus der Lunge gelangt das jetzt venöse Blut in die linke Herzkammer. Von der linken Herzkammer fließt ein Teil als arterielles Mischblut in Richtung Kopf und von dort als venöses Blut in die rechte Herzkammer. Der andere Teil des Blutes aus der linken Herzkammer gelangt nach Zufluss venösen Mischblutes aus dem „Botalli-Gang" in den Körperkreislauf. Das venöse Mischblut des Körperkreislaufes teilt sich auf: Ein Teil vermischt sich mit arteriellem Blut aus der Nabelvene und fließt Richtung Herz. Ein Teil versorgt die Beine und fließt als venöses Blut mit dem arteriellen Blut aus der Nabelvene vermischt Richtung Herz. Ein Teil fließt über die Nabelarterien in die Plazenta ab.
Blutkreislauf beim Neugeborenen:
Venöses Blut gelangt in die rechte Herzkammer und von dort in die Lunge, in welcher der Gasaustausch stattfindet. Das nun sauerstoffreiche Blut fließt in die linke Herzkammer und gelangt von dort in den Körperkreislauf. Als venöses Blut fließt es aus Kopf, Körper und Beinen der rechten Herzkammer zu.
Unterschiede:

Fetus:	**Neugeborenes:**
Loch in Herz-Scheidewand Botalli-Gang Mischblut Sauerstoff aus Plazenta	Loch geschlossen kein Botalli-Gang Sauerstoff aus Lunge

11.8 Hormonelle Empfängnisverhütung

Kontrazeptiva	1 3 Abb. 1,2,4
Geschichte der hormonellen Empfängnisverhütung	2 Abb. 3

1

a) In Hypothalamus und Hypophyse wird die Bildung von LH und FSH gehemmt. Durch die zu geringen Mengen dieser Hormone finden im Eierstock keine Follikelreifung, kein Eisprung und keine Gelbkörperbildung statt und die Bildung von körpereigenem Östrogen und Progesteron wird gehemmt. Die künstlich zugeführten Östrogene bewirken den Aufbau der Gebärmutterschleimhaut; in der tablettenfreien Zeit wird diese abgestoßen (Blutung).

b) Einphasenpräparaten enthalte über den ganzen Einnahmezeitraum die gleichen Mengen an Östrogen und Gestagen. Auch Zwei- und Dreiphasenpräparate enthalten Östrogen und Gestagen, jedoch ist in Zweiphasenpräparaten der Östrogenanteil in den ersten 11 Tagen geringer als danach, bei Dreiphasenpräparate ändern sich die Anteile von Östrogen und Gestagen während der Einnahmezeit in drei Schritten (Tag 1–5, Tag 6–11, Tag 12–28). Die Minipille, die jeden Tag exakt zur gleichen Uhrzeit eingenommen werden muss, enthält nur Gestagen.

2

a)
- etwa zwischen dem 08/04 und 10/04/1919
- am 24/05/1919
- etwa zehn Wochen

b) Die Vermutung liegt nahe, dass die von den Eierstöken eines trächtigen Kaninchens produzierten Hormone bei Kaninchen B einen Eisprung nach den verschiedenen Deckaktionen zwischen dem 11/03 und dem 19/05 verhindert haben.

3

a) Alle Dragees der Packung enthalten über eine Einnahmephase die unveränderte Menge eines Gestagens und eines Östrogens. Das ist nur bei einem Einphasenpräparat der Fall. Einphasenpräparate gehören zu den Ovulationshemmern.

b)
- Gesundheitsschäden bei Schwangerschaft, Lebererkrankungen, Gefäß- und Stoffwechselerkrankungen, bei Raucherinnen.
  Hinweis: Gründlicher Gesundheitscheck vor Anwendung; eventuell Wahl anderer Verhütungsmittel
- Einnahmefehler, Erbrechen oder Darmkrankheit mit Durchfall, Wechselwirkung mit anderen Medikamenten können die empfängnisverhütende Wirkung herabsetzen.
  Hinweise: Beeinträchtigung der schwangerschaftsverhindernden Wirkung; Anwendung zusätzlicher Verhütungsmethoden notwendig

11.9 Partnerschaft und Verhütung

–

M Informationen mithilfe des Internets beschaffen

–

12 Embryonen und Embryonenschutz

12.1 Embryonenschutz

Embryonenschutz in Deutschland, Übersicht, Begriffsklärungen	

Wann beginnt menschliches Leben? Erörterung verschiedener Positionen; ethische Reflektionen	1 Abb. 1

Genanalyse vor der Einnistung, PID ethische Reflektion	2 Abb. 1,2

1

Zeitpunkt des Beginns menschlichen Lebens:
- Deutsches Gesetz zum Embryonenschutz, 1991: Verschmelzung der Zellkerne von Spermium und Eizelle bei der Befruchtung
- Buddhismus: Verschmelzung der Zellkerne von Spermium und Eizelle bei der Befruchtung
- Denkweise nach Immanuel Kant: Verschmelzung der Zellkerne von Spermium und Eizelle bei der Befruchtung
- Britisches Recht: Schon vor dem 14. Tag nach der Befruchtung stellt der Embryo menschliches Leben dar, aber erst nach der Einnistung in die Gebärmutter ist er ein individuelles menschliches Leben („human life“ vs. „human being“)
- Ulrich Steinworth: 14. Tag nach der Befruchtung, wenn keine Zwillingsbildung mehr möglich ist und daher „Individualität gegeben ist“
- Prophet Mohammed/Islam: nach manchen Interpretationen: 40. Tag nach der Befruchtung, wenn dem Embryo der „Lebensgeist eingehaucht wird“
- Judentum: 49. Tag nach der Befruchtung, wenn die „Beseelung erfolgt“
- § 218a des Strafgesetzbuches: Bis zu 12 Wochen nach der Befruchtung ist der Schwangerschaftsabbruch unter bestimmten Bedingungen straffrei. Daher fordern manche diesen Zeitpunkt als Beginn menschlichen Lebens.
- Prophet Mohammed/Islam: nach anderen Interpretationen: 120. Tag nach der Befruchtung, wenn dem Embryo der „Lebensgeist eingehaucht wird“

Stichworte zum Vergleich und zur Diskussion der verschiedenen Positionen könnten u. a. sein:
- In sehr vielen Kulturen ist der Zeitpunkt der Befruchtung der Beginn menschlichen Lebens.
- Befruchtungszeitpunkt ist das einzige eindeutige, „objektive“ Ereignis, alle anderen Zeitpunkte als Beginn menschlichen Lebens sind mehr oder weniger willkürlich oder haben starken religiösen Charakter („Lebenshauch“, „Beseelung“ etc.). Kant nennt in diesem Sinne die Befruchtung auch die „einzige willkürfreie und eindeutig feststellbare Zäsur“.
- Der 14. Tag nach der Befruchtung taucht in mehreren Positionen als kritischer Zeitpunkt auf, weil in diesem Zeitraum die Einnistung erfolgt (ca. sechs Tage nach der Befruchtung) und damit die Schwangerschaft beginnt bzw. weil dies der Zeitpunkt ist, ab dem die Schwangerschaft frühestens bemerkt wird, also für die Mutter die Existenz eines Kindes offenbar wird.

2

a) Präimplantationstechnik (PID):
a: Durch künstliche Befruchtung entsteht eine befruchtete Eizelle, die sich zu teilen beginnt.
b: Dem drei Tage alten Embryo (8-Zell-Stadium) wird mit einer spitzen Pipette eine totipotente Zelle entnommen.
c: Die DNA dieser Zelle wird im Reagenzglas auf Chromosomenschäden untersucht. Je nach Ergebnis wird der Embryo dann in die Gebärmutter übertragen oder verworfen.
In Deutschland ist die PID verboten, da der Embryo ab dem Zeitpunkt der Befruchtung als menschliches Leben angesehen wird, das zu schützen ist (Embryonenschutzgesetz, 1991). Einen drei Tage alten Embryo, dessen Zellen Chromosomenschäden aufweisen, zu verwerfen, widerspricht der ihm zukommenden Menschenwürde, zumal die einzelne zur Untersuchung verwendete totipotente Zelle ebenfalls den Status eines schutzwürdigen Embryos hat (siehe Abbildung 3 im Schülerband,

„Deutschland, aus dem Gesetz zum Schutz von Embryonen").

b) Argumente können u.a. sein:

Pro:

- Durch PID können schwere Krankheiten erkannt werden.
- Wenn verhindert wird, dass ein Kind aufgrund genetischer Ursachen schwer krank ist, bewahrt man es evtl. vor lebenslangem Leiden.
- Embryonen mit schweren Chromosomenschäden kommen oft nicht lebend auf die Welt oder sterben in den ersten Lebensmonaten.
- Schwerstkranke Kinder belasten die Familie.
- Bei schweren Krankheiten, die während der Schwangerschaft diagnostiziert werden, darf die Mutter entscheiden, das Kind abzutreiben. Durch die PID erspart man der Mutter evtl. eine spätere Abtreibung, die psychisch und körperlich belastbar ist.

Kontra:

- Ein Embryo ist bereits ein Mensch und jeder Mensch ist schutzwürdig. Eine Diskussion um den Lebenswert verschiedener menschlicher Entwicklungsstadien öffnet menschlicher Willkür Tür und Tor.
- Wenn sich die PID durchsetzt, werden Menschen mit Behinderung in der Gesellschaft als „heutzutage nicht nötig" angesehen; nur gesunde Menschen sind dann gewollt.
- Die Frage, worauf der Embryo untersucht wird und nach welchen Kriterien ausgewählt wird, ist nicht eindeutig. Theoretisch denkbar für die Zukunft ist ein „Kind nach Maß" (Geschlecht, Disposition für bestimmte Erkrankungen).
- Die Entscheidung über Leben und Tod sollte nicht in menschlicher Hand liegen (religiöser Ansatz).

12.2 Fortpflanzungsmedizin

Verschiedene Methoden medizinischer Fortpflanzungstechnik (künstliche Besamung, künstliche Befruchtung – IVF, Embryotransfer, Leihmutterschaft, Kryokonservierung)	
Vergleich verschiedener med. Fortpflanzungstechniken	1 Abb. 1
Ein Wunschkind um jeden Preis? ethische Reflektion	2 Abb. 1,3,4
Späte Erstgeburten	3 Abb. 2
Ethische Reflektionen	

1

	natürliche Fortpflanzung	künstliche Besamung	künstliche Befruchtung
Herkunft der Eizelle(n)	Bildung in den Eierstöcken, reife Eizelle nach Eisprung im Eileiter	Bildung in den Eierstöcken, reife Eizelle nach Eisprung im Eileiter	Bildung in den Eierstöcken, Eizelle wird mit einer feinen Kanüle abgesaugt
Herkunft der Spermien	Bildung in den Hoden, dann im Sperma des Mannes	Bildung in den Hoden, dann Konzentrierung der Spermien aus dem Sperma und Förderung ihrer Beweglichkeit im Reagenzglas	Bildung in den Hoden, Spermien werden aus Sperma entnommen
Ort der Befruchtung	im Eileiter der Frau	im Eileiter der Frau	im Reagenzglas
Zeitpunkt der Befruchtung	nach Geschlechtsverkehr, wenn Spermium die reife Eizelle erreicht	nach Übertragung der Spermien in die Gebärmutter, wenn Spermium die reife Eizelle erreicht	wenn Spermien im Reagenzglas zu reifen Eizellen hinzu gegeben werden
Ort der ersten Zellteilungen des Embryos	im Eileiter	im Eileiter	im Reagenzglas
Ort der Einnistung des Embryos	Gebärmutter	Gebärmutter	Gebärmutter

2

Fall 1: „Das späte Kind“: Bei der Kryokonservierung werden der Frau Eizellen entnommen, diese bei -196 °C eingefroren und gelagert. Nach dem Auftauen wird ein Spermium in die Eizelle gespritzt und im Reagenzglas beginnen die Zellteilungen des entstandenen Embryos. Mehrere dieser Embryonen werden durch einen Schlauch mit einer Spritze in die Gebärmutter gebracht, wo sie sich einnisten.
Zur Abbildungsunterschrift: Durch diese Technik des Einfrierens (kryos [griech.] = Frost) können Eizellen über lange Zeit aufbewahrt, d. h. konserviert werden.
So können auch ältere Frauen, die keine reifen Eizellen mehr in ihren Eierstöcken bilden, noch schwanger werden, indem ihnen eigene konservierte Eizellen, die im Reagenzglas befruchtet wurden, eingesetzt werden.

Probleme: Ältere Frauen sind weniger belastbar in der Schwangerschaft und vor allem im Aufziehen eines Kindes. Die Mutter des Kindes wird alt sein und evtl. auf die Hilfe des Kindes angewiesen sein, wenn dieses selbst noch nicht erwachsen sein wird. Das Kind wird evtl. unter der Vorstellung leiden, nach Kryokonservierung im Reagenzglas entstanden zu sein.

Fall 2: Eine der beiden Frauen kann durch eine künstliche Besamung die Spermien eines (evtl. unbekannten) Mannes, z. B. aus einer Samenbank erhalten. Nach der Geburt des Kindes können beide Frauen des Paares sich gleichberechtigt um das Kind kümmern.

Probleme: Nur eine der beiden Frauen kann das Kind austragen. Mit dem Kind biologisch verwandt ist nur die leibliche Mutter und der unbekannte Samenspender. Das Kind ist später eventuell Diskriminierungen ausgesetzt und leidet vielleicht unter dem Wissen, Produkt einer künstlichen Besamung mit einer anonymen Samenspende zu sein und darunter, keinen (sozialen) Vater zu haben. (In Deutschland müsste der Spender der Spermazellen genannt werden.)

Fall 3: Eizell- und Samenspenden werden mithilfe der Kryokonservierung aufbewahrt. Nach Auftauen der Proben wird im Reagenzglas eine künstliche Befruchtung durchgeführt. Der entstandene Embryo wird in die Gebärmutter der Leihmutter übertragen, wo er sich einnistet und heranwächst. Nach der Geburt übernehmen die sozialen Eltern den Säugling und das Kind wächst bei ihnen als ihr eigenes auf.

Probleme: Die Leihmutter hat während der Schwangerschaft eine sehr enge Beziehung zum Kind, sodass sie nach der Geburt evtl. das Kind behalten möchte. Das Kind kann später unter den Umständen seiner Entstehung (Kryokonservierung, künstliche Befruchtung mit Ei- und Samenzelle aus anonymen Banken, Austragung durch Leihmutter) leiden.

3

a) Die Grafik zeigt die Verteilung des Alters der Mutter bei der Geburt ihres ersten Kindes in den Jahren 1961 und 2000. 1961 waren die meisten Frauen bei der ersten Geburt ca. 22 Jahre alt (Gipfel der Verteilungskurve), dagegen waren im Jahr 2000 die meisten Frauen bei der ersten Geburt bereits 30 Jahre alt. Deutlich ist auch, dass 1961 keine Frauen über 40 Jahre noch ein erstes Mal Mutter wurde, im Jahr 2000 dagegen reicht die Verteilungskurve bis zum Alter von ca. 45 Jahren. Die jüngsten Mütter waren sowohl 1961 als auch 2000 ca. 15 Jahre alt.
Mögliche Ursachen für die Veränderungen sind u.a. die längeren Ausbildungszeiten (Schule, Studium), und der Wunsch vieler Frauen, nach der Ausbildung zunächst mehrere Jahre zu arbeiten, um beruflich Tritt zu fassen, bevor eine Schwangerschaftspause eingelegt wird. Hier ist auch ein großer Druck durch den knappen Arbeitsmarkt und unsichere wirtschaftliche Zukunftserwartungen entscheidend, der es Frauen oft erschwert, Berufseinstieg und Familienleben zu verbinden. Das (politische) Ziel der Vereinbarkeit von Beruf und Familie ist noch nicht erreicht, zum Beispiel in Hinblick auf Betreuungsmöglichkeiten. Weiterhin ist das Selbstbewusstsein der Frauen gestiegen und viele möchten durch einen eigenen Beruf finanziell unabhängig von ihrem Mann sein, was 1961 noch nicht selbstverständlich war. (Neuere Untersuchungen zeigen, dass weniger die Frauen sondern die Männer willentlich die Geburt des ersten Kindes hinauszögern). Entscheidend ist auch, dass sich die Möglichkeiten der Empfängnisverhütung verbessert haben und breit akzeptiert sind.
b) Der Trend zum späten Kinderwunsch birgt das Problem, dass Frauen mit zunehmendem Alter seltener schwanger werden, ihre Fruchtbarkeit nimmt ab dem 30. Lebensjahr ab. Wenn ältere Frauen auf natürliche Weise nicht mehr schwanger werden können, ermöglicht ihnen evtl. eine künstliche Befruchtung den Kinderwunsch. So könnte die Aussicht, mithilfe der Fortpflanzungsmedizin auch spät ein Kind zu bekommen, sich dahingehend auswirken, dass der Wunsch nach einem (ersten) Kind hinaus geschoben wird.

M Ethisches Bewerten

1

a) –
b) Stammzellforschung, moderne Fortpflanzungsmedizin, Anwendungen der Gentechnik, Sterbehilfe, Organtransplantation, Tierversuche, Eingriffe in Ökosysteme

---

12.3 Das menschliche Leben – von der Befruchtung bis zum Tod

Lebensabschnitte	1 2 Abb. 1,2
Zeit-Bilanz	3 Abb. 3
Altern	4 Abb. 4

1

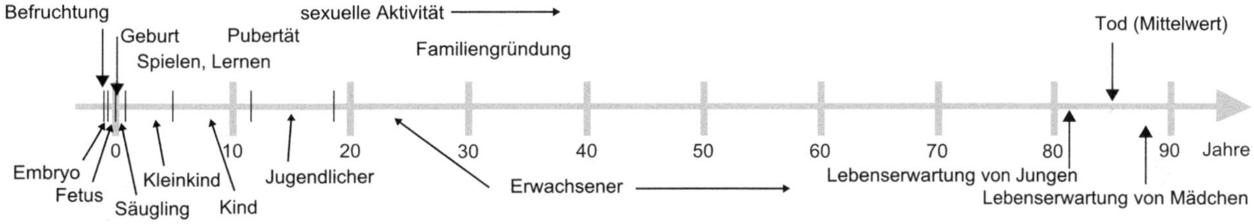

2

z. B.
1: „Stadien eines Lebens“
2: „Jung und Alt gehören zusammen“

3

–

4

Das Bild stellt ein Bad dar, in dem von der linken Seite gealterte Menschen ins Wasser steigen und es auf der rechten Seite verjüngt wieder verlassen. Offenbar handelt es sich nur um Frauen, die das Bad nutzen. Das Bild beschreibt die Sehnsucht nach der ewigen Jugend, nach dem Verlangsamen oder Umkehren des Alterns.
Heute ist der Wunsch jung zu bleiben genauso verbreitet wie damals, wenn nicht sogar noch mehr, denn heute gibt es viel mehr ältere Menschen. Die Medien prägen ein jugendliches Schönheitsideal. Die Werbung preist „Anti-Aging“-Produkte an, die Haut soll wieder straffer und jugendlicher werden. Graue Haare werden gefärbt, Falten weggespritzt, Gesichter geliftet und über die Jahre angesetztes Fett wird abgesaugt. Das gilt in zunehmendem Maße auch für Männer. Nur selten finden wir einen älteren Menschen, dem man das Alter auch ansieht, schön.

12.4 Pflegeberufe

Berufzweige bei den Pflegeberufen	Abb. 1–3
Tätigkeiten einer Krankenschwester	1 a Abb. 1
Anforderungen an Pflegeberufe	1 b Abb. 5,6
Berufsaussichten – Bevölkerungsstruktur	2 Abb. 4
Gründe für den Einstieg in einen Pflegeberuf	3

1

a) Übernahme von der Nachtschicht
Patienten versorgen (Waschen, Temperatur messen, Medikamente verteilen, Betten machen)
OP-Patienten vorbereiten
Visite begleiten und protokollieren
Verbände wechseln
Frühstück austeilen
Visite ausarbeiten (z. B. die Daten in den Computer eingeben)
Blut abnehmen und zur Untersuchung geben
Termine vereinbaren (z. B. für eine Röntgenuntersuchung)
Neue Patienten einweisen
Notfall erkennen – Arzt alarmieren
Mittagessen austeilen
Übergabe an die Spätschicht
b) Verantwortungsbereitschaft und Eigenständigkeit sind wichtig, da eine Pflegekraft oft auf sich allein gestellt ist. Oft muss sie Situationen richtig einschätzen und die richtigen Maßnahmen einleiten können. Wenn es um die Gesundheit der Patienten geht kann sie nicht warten, bis sie gesagt bekommt was sie tun soll. Kreativität und Flexibilität zielen in dieselbe Richtung: manchmal müssen ungewöhnliche Lösungen für große und kleine Probleme gesucht werden.

Pflegeberufe bringen körperliche und seelische Belastungen mit sich. Patienten anheben oder stützen, vornüber gebeugt arbeiten, das lässt sich nicht immer vermeiden. Auch das Immunsystem muss fit sein, denn wer mit vielen, z. T. auch noch kranken Menschen zu tun hat, kann sich leicht anstecken.
Pflegekräfte werden mit immer neuen Krankheiten und Problemen konfrontiert. Sie müssen bereit sein, sich zu informieren und lebenslang weiter zu lernen. Es gibt viele Möglichkeiten zur Weiterbildung und auch entsprechende Aufstiegschancen.
Wegen der hohen Verantwortung und der Ansprüche an das Wissen von Pflegekräften gelten ein Mindestalter von 16 Jahren und der Realschulabschluss als erforderlich.

2

1910 wurden nur ganz wenige Menschen älter als 75 Jahre – es gab viel mehr junge Leute als Alte. Heute ist es bereits so, dass viel mehr Menschen älter werden. Im Jahr 2050 wird dieser Trend noch viel deutlicher sein. Laut der Prognose des Statistischen Bundesamtes wird es dann in Deutschland etwa gleich viel unter wie über 50-Jährige geben. Etwa ein Fünftel der Bevölkerung wird über 70 Jahre alt sein. Die Zahl der kranken und pflegebedürftigen Menschen wird steigen weil die Menschen älter werden und auch weil die Pflege innerhalb der Familie sich weiter verringern wird. Der Bedarf an Pflegekräften wird also wohl weiter steigen – ein Arbeitsplatz im Pflegebereich gilt deshalb als sicher.

3

(Antworten sammeln und gemeinsam ordnen und diskutieren)

13 Verantwortlicher Umgang mit dem eigenen Körper

13.1 Ernährung im Wandel

Nahrung versorgt uns mit Nährstoffen, Mineralsalzen, Vitaminen und Wasser	Abb. 2
Bedeutung der Nahrungsbestandteile	3 Abb. 6 (3)
Faktoren, die unser Essverhalten beeinflussen	1 4 Abb. 1,4
Ernährung früher und heute	3 5 Abb. 3

1

Der Mensch benötigt verschiedene Stoffe, um seine Körperfunktionen aufrecht zu erhalten. Hierbei handelt es sich um die Nährstoffe Kohlenhydrate, Fette und Eiweiße sowie um Mineralsalze, Spurenelemente, Vitamine und Wasser. Die Stoffe haben verschiedene Bedeutungen im Körper: Kohlenhydrate, Fette und Eiweiße dienen als Energiequellen; Eiweiße, Mineralsalze, Spurenelemente und Vitamine benötigt der Mensch für Wachstum und Entwicklung von Geweben. Für die Regulation von Stoffwechselvorgängen werden Eiweiße, Vitamine und Wasser benötigt.

2

Abbildung 1 zeigt eine Familie beim Grillen. Sie essen und lachen gemeinsam und haben Spaß miteinander. In der dargestellten Situation wird deutlich, dass Essen nicht nur Nahrungsaufnahme ist, sondern auch soziale Aspekte hat, zum Beispiel Menschen gesellig verbindet.

3

a) Die Ernährungsregeln heute sind das Gegenteil der Ernährungsregeln zur Zeit der Frühmenschen. Früher stand Nahrung nicht in der Menge zur Verfügung, wie es heute der Fall ist. Die Frühmenschen mussten daher, wenn sie Nahrung fanden, möglichst viel und fettreich essen, um ihren Energiebedarf zu decken. Heute hat sich das Tätigkeitsfeld der meisten Menschen sehr verändert. Durch viele „geistige" und weniger „körperliche" Beanspruchung des Körpers braucht man nicht so viel und nicht so fettreiches Essen. Außerdem muss der „Energieüberschuss" durch viel energiereiche Nahrung durch Bewegung wieder ausgeglichen werden.

b) Der Vergleich in Teilaufgabe a belegt dies. Weitere Beispiele sind: Hochleistungssportler mit erhöhtem Nährstoffbedarf, Menschen unterschiedlichen Alters, Menschen mit Erkrankungen (zum Beispiel Diabetes).

4

Umwelt: Je nach den klimatischen Bedingungen isst man wenig und trinkt zum Beispiel mehr (z. B. an heißen Tagen im Sommer).
Geographie, soziale Herkunft: An unterschiedlichen Orten oder in unterschiedlichen Bevölkerungsschichten hat das Essen unterschiedliche Bedeutungen.
Klasse, Schicht-, Bezugsgruppe: Man lässt sich durch Mitschüler und Werbung beeinflussen.
Familie: Bei vielen Familien wird nicht immer zusammen gegessen; das ist zeitlich nicht immer möglich.
Gesellschaft: Dinge, die „in" sind, beeinflussen ebenfalls die Wahl der Nahrung, weil man „dazu gehören" möchte.
Kultur: Die Erziehung prägt ebenfalls das Essverhalten.
Schule: Nur wer genügend Wissen über Ernährung hat kann eine „gesunde" Auswahl treffen.
Religion: Nicht alle Speisen (zum Beispiel bestimmte Fleischsorten) sind in allen Religionen erlaubt.
Technologie: Mit technischer Hilfe (z. B. Küchengeräte) können Speisen zubereitet werden, die ohne nicht oder nur schwer zuzubereiten wären.
Nahrungsmittel: Speisen, die einem schmecken, nimmt man öfter und in größerer Menge zu sich.
Beruf: Menschen, die viel „geistig" arbeiten, benötigen weniger energiereiche Nahrung als Menschen mit „körperlicher" Arbeit.

Status: Ein Säugling benötigt andere Nahrung als ein Erwachsener.
Stoffwechsel: Wenn man Hunger hat, isst man etwas.
Vererbung: Es gibt Menschen, die vererbungsbedingt einen höheren Nährstoffbedarf haben.
Seele, Körper: Psychische Probleme können ein Störung im Essverhalten hervorrufen (z. B. Magersucht). Ein an Diabetes erkrankter Mensch muss/sollte eine bestimmte Diät einhalten.

5

Durch zu energiereiche Nahrung und zu wenig Bewegung im Vergleich zum benötigten Energiebedarf ist ein Überschuss da, der auf Dauer zum Übergewicht führt.

13.2 Gesunde Ernährung – aber wie?

Was ist gesunde Ernährung?	Abb. 1
Lässt sich gesunde Ernährung im Alltag realisieren?	**1** Abb. 3,4
Ernährung und Übergewicht	**2** Abb. 2
Lebensmittel und Werbung	**3** Abb. 5

1

a)

Nahrung	**Deutsche Gesellschaft für Ernährung**	**Ernährungspyramide**
Wasser	relativ viel	keine Aussage
Milchprodukte	wenig	wenig
Fisch/Fleisch/Eier	wenig, keine Unterscheidung der Sorten	wenig; wenig rotes Fleisch, mehr Geflügel, Eier und Fisch
Nüsse/Hülsenfrüchte	keine Aussage	recht viel
Gemüse/Obst	reichlich Gemüse und Obst, mehr Gemüse	reichlich Gemüse und Obst zu gleichen Teilen
Pflanzenöle	keine Aussage über pflanzliche Öle; nur wenig ungesättigte Fette	zu den meisten Mahlzeiten Pflanzenöle
Vollkornprodukte	relativ viel	viel
Bewegung	keine Aussage	sehr viel

b) individuelle Antwort

c) Das Diagramm zeigt, dass recht viele Menschen wissen, was gesunde Ernährung ist, jedoch setzen selbst diese Menschen nur einen Teil ihres Wissens in die Realität um.

Gründe sind vermutlich: mangelnde Zeit, Bequemlichkeit, zu wenig Geld, örtlich begrenzte Möglichkeiten, fehlende Geselligkeit

2

Person	BMI
Angelina Jolie	19,7
Heidi Klum	17,0
Michael Ballack	22,4
Ralf Möller	33,5

Anhand der Tabelle erkennt man, dass Heidi Klum Untergewicht und Ralf Möller Übergewicht hat. Angelina Jolie und Michael Ballack liegen im Normbereich. Der BMI spiegelt ihren Tätigkeitsbereich wieder. Als Modell muss man „dünn“ sein; als „Mister Universum“ braucht man deutlich mehr Körpermasse (in Relation zur Größe). Gleichzeitig zeigen diese Ergebnisse, dass ein muskulöser Mensch einen hohen BMI erreichen kann, ohne Fett anzusetzen. Der BMI-Wert muss also individuell beurteilt werden.

3

a) Es zeigt sich, dass vor allem für Lebensmittel geworben wird, die nur wenig konsumiert werden sollen, etwa für alkoholische Getränke oder Süßigkeiten.

b) Die Ergebnisse sollten der Abbildung 5 ähneln.

M Versuche durchführen

–

13.3 Nahrung versorgt den Körper mit Energie

Tätigkeiten und Energiebedarf	Abb. 1,2
Energie, Grundumsatz, Leistungsumsatz	1 Abb. 2
Energie in Nahrungsmitteln	2 3 Abb. 4,5
Essen und Leben früher und heute	4 Abb. 6

1

a) mögliche Definition: Unter Energie versteht man die Fähigkeit, Arbeit zu leisten.

b) *Grundumsatz:* die Energie, die bei völliger Ruhe des Körpers benötigt wird

Leistungsumsatz: den bei Tätigkeiten über den Grundumsatz hinausgehenden Energiebedarf

Nach Abbildung 1 liegt der Grundumsatz bei 8400 Kilojoule pro Tag.

Die Unterschiede kommen durch die verschiedenen Tätigkeiten zustande. Schnelleres Radfahren, Laufen, ... benötigt mehr Energie als bei geringerem Tempo. Der Leistungsumsatz der Bürotätigkeit ist vergleichsweise niedrig; Ursache ist, dass es sich hierbei um eine eher „geistige“ Arbeit handelt, die einen geringen Energieverbrauch mit sich bringt.

Tätigkeit	Leistungsumsatz pro Tag in kJ
ruhiges Stehen	10080
Gehen, 3 km/h	24000
Gehen, 8 km/h	50400
Schwimmen, 0,6 km /h	21120
Schwimmen, 4,2 km/h	60000
Radfahren, 9 km/h	21120
Radfahren, 30 km/h	74400
Laufen, 11 km/h	52800
Laufen, 19 km/h	98400
Büroarbeit	9120–11280

2

a)

Nahrungsmittel (100 g)	Energiegehalt aus Fett in kJ	Energiegehalt aus Kohlenhydraten in kJ	Energiegehalt, gesamt in kJ
Joghurt	144,3	78,2	222,5
Käse	1158,3	–	1158,3
1 Ei	241,8	6,8	248,6
Butter	3244,8	11,9	3256,7
Schweinefleisch	741	–	741
Mettwurst	1755	–	1755
Huhn	35,1	–	35,1
Fischstäbchen	156	170	326
Haferflocken	288,6	1128,8	1417,4
Reis	85,8	1281,8	1367,6
Nudeln	108,42	1222,3	1330,72
Roggenbrot, 2 Scheiben	39	875,5	914,5
Kartoffeln	7,8	147,9	155,7

b) Nein, er kann seinen täglichen Energiebedarf nicht decken. Der Energiegehalt beträgt insgesamt 6551,7 Kilojoule; es entsteht ein Defizit von 5998,3 Kilojoule.
4 Scheiben Roggenbrot → 1829 kJ
50 Gramm Käse → 579,15 kJ
50 Gramm Mettwurst → 877,5 kJ
50 Gramm Butter → 1628,35 kJ
100 Gramm Kartoffeln → 155,7 kJ
200 Gramm Schweinefleisch → 1482 kJ

c) 300 Gramm Nudeln ergeben einen Energiegehalt von 3992,16 Kilojoule. Damit könnte die Person ungefähr vier (3 km/h) beziehungsweise ungefähr zwei Stunden (8 km/h) gehen oder ungefähr zwei (11 km/h) beziehungsweise ungefähr eine Stunde (19 km/h) laufen.

3

	35 g Kohlenhydrate · 17 kJ/g	=	595 kJ
+	27 g Fett · 39 kJ/g	=	1053 kJ
	Gesamtsumme	=	1648 kJ

Energiegehalt des Hamburgers: 1648 Kilojoule (595 Kilojoule aus den Kohlenhydraten und 1053 Kilojoule aus dem Fett)
Ein 15-jähriges Mädchen hat einen Energiebedarf von 9620 Kilojoule. Der Hamburger deckt ungefähr 17 Prozent ihres täglichen Energiebedarfs.

4

a) Jäger und Sammler
- viel Bewegung
- Nahrung mit geringen Energiegehalt
- Nahrung enthält insgesamt durchschnittlich viel Energie
- Eiweißbedarf wird v. a. aus tierischem Eiweiß gedeckt
- Nahrung enthält viele Ballaststoffe
- Nahrung enthält kaum Fett

Moderner Mensch
- wenig Bewegung
- Nahrung mit hohem Energiegehalt
- Nahrung enthält insgesamt viel Energie
- Eiweißbedarf wird aus tierischem Eiweiß und pflanzlichem Eiweiß gedeckt
- Nahrung enthält wenig Ballaststoffe
- Nahrung enthält viel Fett

b) Jäger und Sammler mussten ihre Nahrung aktiv suchen bzw. erbeuten
- Moderne Lebensmittel sind häufig verarbeitet und daher ballaststoffarm aber dafür nährstoffreich.
- Nahrung ist in den Industrienationen im Überfluss verfügbar.
- Heute stammt Nahrung aus Ackerbau und Viehwirtschaft, Jäger und Sammler kannten noch keinen Ackerbau und konnten deshalb weniger pflanzliche Eiweiße zu sich nehmen.
- Landwirtschaftlich erzeugtes Fleisch ist fetter als Wild, es werden Pflanzen mit hohem Fettgehalt angebaut.

c) Eskimos brauchen sehr viel Energie, um ihre Körpertemperatur konstant zu halten. Fett hat den höchsten Energiegehalt (39 Kilojoule pro Gramm; Kohlenhydrate 17 Kilojoule pro Gramm); daher ist eine fettreiche Ernährung sehr sinnvoll.

13.4 Enzyme

Mechanismus der Enzymwirkung	1 2 Abb. 1,2
Substratspezifität von Enzymen im Experiment	3 Abb. 3
Wirkungsweise der Katalase	4a Abb. 4
Zerstörung der Enzymwirkung durch Hitze	4b

1

a) Ein Enzym bindet zunächst das passende Substrat. Dabei bildet sich der Enzym-Substrat-Komplex. Das Substrat wird gespalten, ist aber zunächst im Enzym-Produkt-Komplex noch an das Enzym gebunden. Anschließend wird das Produkt (bzw. werden die Produkte) freigesetzt. Das Enzym liegt wieder so vor wie vor der Reaktion.
Die anderen Substrate können nicht umgesetzt werden, da deren Struktur nicht zur Struktur des Enzyms passt (Schlüssel-Schloss-Prinzip).

b)

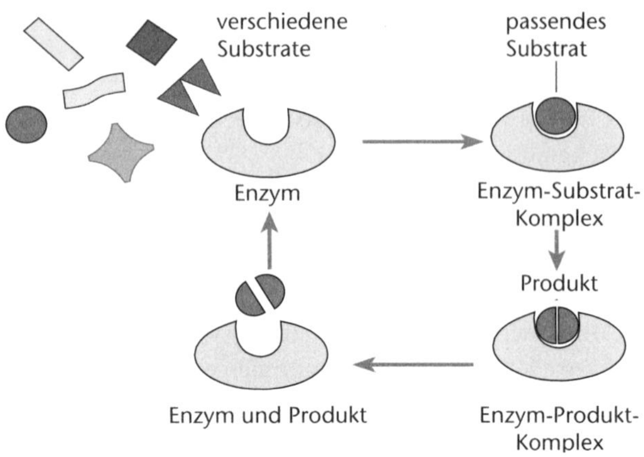

2

a) Herstellung eines Pappmodells mit geeigneten Formen, siehe Abb. 2.

b) Veranschaulicht werden können

- Die Substratspezifität des Enzyms durch entsprechende Formen von Substrat und Enzym
- Die Bildung des Enzym-Substrat-Komplexes durch Verknüpfung von Enzym und Substrat

3

a) Beobachtung: Der Agar in den Petrischalen 2, 4, 6 ist trübe. In der Mitte der Petrischale 4 ist ein klarer Bereich entstanden.

Der Agar in den Petrischalen 1, 3, 5 ist dunkel gefärbt. In der Mitte der Petrischale 1 ist ein heller Fleck entstanden.

Deutung: Pepsin ist ein Enzym, das Eiweiße wie Albumin spalten kann. Dadurch entsteht in Petrischale 4 ein klarer Bereich. Speichel enthält keine Enzyme, die Eiweiße spalten. Deshalb tritt bei Petrischale 3 keine Veränderung ein.

Speichel enthält Amylase. Das Enzym spaltet Stärke. An den Stellen, an denen Amylase in Petrischale 1 wirkt, kann sich der blaue Iod-Stärke-Komplex nicht bilden. Der Agar wird farblos. Amylase kann aber Albumiun nicht spalten. Deshalb tritt in Petrischale 2 keine Veränderung auf.

b) Pepsin ist ein Enzym, das Eiweiße wie Albumin spalten kann.

c) Die Petrischalen 5 und 6 dienen der Kontrolle. Dadurch wird bewiesen, dass die in den anderen Petrischalen beobachteten Veränderungen tatsächlich auf die zugesetzten Stoffe zurück zu führen sind.

4

a) Beobachtung: Die Lösung schäumt auf. Es tritt eine Gasentwicklung auf. Wenn man den glimmenden Holzspan in den Gasraum hält, leuchtet er hell auf.

Deutung: In der Hefe ist das Enzym Katalase enthalten. Dieses spaltet Wasserstoffperoxid in Wasser und Sauerstoff. Der entstehende Sauerstoff lässt den Glimmspan aufglimmen („Glimmspanprobe auf Sauerstoff").

b) Wenn die Hefe vorher aufgekocht wird, kommt es zu keiner Gasentwicklung.

Deutung: Hitze zerstört das Enzym. Dadurch kann die Hefe Wasserstoffperoxid nicht mehr spalten. Es kann vermutet werden, dass Hitze die Struktur des Enzyms verändert und es dadurch funktionslos wird.

13.5 Verdauung von Kohlenhydraten

Aufbau von Kohlenhydraten	Abb. 2
Verdauung der Kohlenhydrate	Abb. 1
Nachweis von Stärke und Zuckern in Lebensmitteln	1

Aufbau von Kohlenhydraten	2

1

a) Fehling-Lösung ist tiefblau.

Mit Apfelstückchen und Zwiebelstückchen ergeben sich ziegelrote Niederschläge. Diese Niederschläge treten bei Haferflocken und bei Brot nicht auf.

a) Bei Brot und Haferflocken ergeben sich dunkle schwarzblaue bis braune Flecken, bei Apfelkstückchen und Zwiebeln nicht.
b) Zwiebeln und Äpfel enthalten Zucker. Brot und Haferflocken enthalten Stärke.

2

a) Versuch a): In Wasser befindet sich Stärke. Diese Mischung wird durch einen Filter gegossen. Stärke bleibt im Filter zurück, das Wasser passiert den Filter.
Versuch b): Eine Maltoselösung wird durch den Filter gegossen. Maltose gelangt mit dem Wasser durch den Filter.
Versuch c): In Wasser befindet sich Stärke und Speichel. Die Lösung wird durch einen Filter gegossen.
b) Es ist zu erwarten, dass die Stärke durch die im Speichel enthaltene Amylase in Maltosemoleküle gespalten wird, diese gelangen dann durch den Filter und befinden sich in der filtrierten Lösung.
c) Wenn man der Lösung aus Versuch c Iodkaliumiodidlösung zugibt, darf kein Verfärbung auftreten. Das beweist, dass keine Stärke enthalten ist.
Gibt man Fehling-Lösung zu und erwärmt, erwartet man einen roten Niederschlag. Der Niederschlag zeigt an, dass Maltose enthalten ist.

M Eine Mindmap in Teamarbeit erstellen

–

13.6 Verdauung im Überblick

–

13.7 Entstehung von Drogensucht

Wege in die Sucht	1 4 Abb. 1

Zwei Modelle zur Entstehung einer Drogensucht	2 3 Abb. 2,3

1

Die Eisenbahnschienen könnten z. B. für den persönlichen Lebensweg stehen. Es gibt keinen Blick zurück, also keinen Weg zurück. Auf dem Weg werden von uns Entscheidungen verlangt. Diese Entscheidungen beeinflussen das spätere Leben häufig in radikaler Art und Weise. Sie werden durch die Weichen symbolisiert.
Die Eisenbahnschienen könnten auch für Starrheit stehen. Man kann einen einmal eingeschlagenen Weg, wenn überhaupt, nur sehr schwer wieder verlassen. So ist es auch bei der Entstehung einer Sucht. Auch hier stehen am Anfang Entscheidungen, die wir bewusst oder unbewusst treffen. Mehrere falsche Entscheidungen hintereinander können immer tiefer in eine Sucht führen.
Die Weichen könnten aber z. B. auch dafür stehen, dass wir selbst über unseren Lebensweg gar nicht so frei entscheiden können, wie wir dies wünschen. Die Weichen werden oft von anderen gestellt: den Eltern, dem sozialen Umfeld usw.

2

– Mensch: Max ist eigentlich eher schüchtern und zurückhaltend. Offensichtlich hat er Schwierigkeiten, seine Gefühle auszudrücken. Auch scheint er unter Minderwertigkeitsgefühlen zu leiden: „Ich wollte einfach immer ein cooler Typ sein."

- Mittel: Alkohol bewirkt, dass Max seine Schüchternheit verliert und aufgedreht wird. Alkohol hilft Max beim Verdrängen seiner Alltagsprobleme.
- Milieu: Max wächst in einem sozialen Umfeld auf, in dem das Trinken alkoholischer Getränke offensichtlich selbstverständlich ist. Seine „Vorbilder" sind der Trainer, seine Freunde, seine Eltern. Zudem sind die Eltern oft nicht zu Hause, sodass er sich selbst überlassen ist und sein Alkoholkonsum nicht bemerkt wird.
- Markt: Selbst Jugendliche unter 16 Jahren kommen leicht an die Droge Alkohol: So spendiert der Trainer der B-Jugend-Mannschaft zwei Kisten Bier. Alkohol ist in Deutschland eine legale Droge und wird kulturell toleriert. Mit 16 Jahren dürfen Jugendliche Bier und ähnliche alkoholische Getränke kaufen und konsumieren. Doch auch jüngere Jugendliche können alkoholische Getränke oft ohne Probleme z. B. im Supermarkt einkaufen (Z. 27f.).

3

a) –

b) Im Rahmen des Eisberg-Modells verstehen wir jeden Menschen als einen Eisberg. Der größte Teil des Berges befindet sich unter Wasser. Er ist für die Mitmenschen also nicht sichtbar. Hier finden wir Gefühle, Abhängigkeiten von anderen Menschen, von bestimmten Werten und Normen, aber auch Beziehungen zu anderen Menschen und die Probleme, die es dabei gibt. Für alle sichtbar, ist nur die „Spitze des Eisbergs": die Sucht. Die ganz individuellen und sehr persönlichen Gründe, die einen Menschen süchtig gemacht haben, bleiben den meisten Menschen verborgen.
Ergänzt werden könnten Wörter wie z. B. Schüchternheit, mangelndes Selbstbewusstsein, negative Erlebnisse, mangelnde Problemlösefähigkeit.

c) Das Hauptproblem des Eisberg-Modell ist die Beschränkung auf die Person des Süchtigen. Die für die Entstehung einer Sucht wichtigen Aspekte, wie das soziale Umfeld und die Drogenart und ihre Wirkung, bleiben unberücksichtigt. Dies ist jedoch gleichzeitig auch die Stärke des Eisberg-Modells: Die Hilfe für den Süchtigen sollte zunächst beim Süchtigen selbst ansetzen. Dafür ist es notwendig, mehr über den „unsichtbaren Bereich" dieser Person zu erfahren. Das Eisberg-Modell bietet hierbei eine sinnvolle Hilfe. Außerdem kann es im Gegensatz zum 4M-Modell bei der Erklärung der Entstehung von Verhaltenssüchten helfen.

4

(Hier wird der Schwerpunkt der Betrachtung noch einmal auf die wichtige psychische Seite einer Sucht gelenkt.)

M Ein Portfolio anlegen

–

13.8 Die soziale Seite der Sucht

Gesellschaftliche Faktoren, die eine Sucht begünstigen **1**	Wie gehe ich mit Gruppenzwang um? **3** Abb. 1
Nein sagen **2** **5**	Die Gefährdung anderer: Alkohol im Straßenverkehr **4** Abb. 2

1

A: 5–9, B: 10–16, C: 17–20, D: 25–29, E: 30–35, F: 36–41

2

–

3

–

4

a) Eigentlich spricht nichts für eine 0,5 Promille-Grenze. Höchstens die Tatsache, dass viele Medikamente, die die Verkehrstüchtigkeit des Patienten nicht beeinflussen, geringe Mengen Alkohol enthalten. Menschen, die auf die Einnahme dieser Medikamente angewiesen sind, dürften dann kein Auto mehr fahren.

b) Bei jugendlichen Fahranfängern nimmt die Fähigkeit zur Raumabschätzung bei Alkoholkonsum stärker ab als bei erwachsenen Fahrern (Abb. 2). Für die Sicherheit aller Verkehrsteilnehmer ist eine richtige Raumabschätzung jedoch unerlässlich.
Ein weiteres Risiko besteht dann, wenn sich Fahrer, die Alkohol getrunken haben, sicher fühlen, weil sie sich an dem Wert von 0,5 Promille orientieren. Dabei ist ihnen häufig nicht klar, dass auch bei einem Blutalkoholspiegel von unter 0,5 Promille alkoholbedingte Ausfallerscheinungen ihr eigenes Leben und das der anderen Verkehrsteilnehmer gefährden können.

5

–

13.9 Essstörungen

Magersucht und Ess-Brech-Sucht (Bulimie)	**1** **2**	Abb. 1,2,4
Die Bedeutung von gesellschaftlichen Idealen und Werbung	**3**	Abb. 3,5

1

- Biologische Bedingungen:
  - Es gibt Hinweise darauf, dass die Neigung zur Entwicklung einer Magersucht familiär gehäuft vorkommen könnte.
- Psychologische Bedingungen:
  - Mangelnde Fähigkeit zur Lösung von Konflikten
  - Konflikte innerhalb der Familie, die vor allem in der Pubertät einen wichtigen Einfluss auf die betroffenen Personen ausüben
- Gesellschaftliche Einflüsse:
  - In der Gesellschaft gelten schlanke Menschen als schön.
  - Das Schlankheitsideal wird durch Werbung und Medien bestätigt und verstärkt.
- Körperwahrnehmungsstörung:
  - Trotz zum Teil extremer Gewichtsabnahme halten sich Magersüchtige für zu dick.
- Verändertes Essverhalten:
  - Die Betroffenen vermeiden zu essen und essen nur noch geringste Nahrungsmengen.
- Gewichtsverlust:
  - Magersüchtige nehmen immer weiter ab.
- Körperliche Veränderungen:
  - Menstruation bleibt aus.
  - Der Blutdruck nimmt ab, der Herzschlag verlangsamt sich.
  - Die Körpertemperatur sinkt.
  - Es kann zu Hautproblemen, Haarausfall, Muskelschwäche sowie Vitamin- und Mineralsalzmangel kommen.
- Psychische Veränderungen:
  - Panische Reaktionen auf Gewichtszunahme im Grammbereich.
  - Die Kontrolle über das Körpergewicht erhöht das Selbstwertgefühl der Magersüchtigen.

2

a)
- Magersüchtige kontrollieren ihr Essverhalten und nehmen immer stärker ab.
- Ess-Brech-Süchtige dagegen haben nur noch wenig Kontrolle über ihr Essverhalten. Ihr Gewicht verändert sich kaum.

b)
- Kontrollverlust (Unfähigkeit mit dem Hungern bzw. dem Essen und Erbrechen aufzuhören)
- fehlende Einsicht in die Erkrankung
- Wiederholungszwang
- zunehmende soziale Isolation der Betroffenen

3

a) Das gesellschaftliche Schlankheitsideal hat sich seit 1948 offensichtlich verändert (Abb. 5). Heute ist schön, wer sehr schlank ist. Dieses Schönheitsideal kann insbesondere pubertierende Mädchen und junge Frauen unter den Druck setzen, diesem Ideal entsprechen zu müssen (Abb. 3). Diese Menschen sind besonders empfänglich für Einflüsse von außen, da sie bezüglich ihres Körpers unsicher sind. Gemeinsam mit den sich gerade während der Pubertät häufenden Konflikten mit den Eltern können diese Verunsicherungen zu einer gestörten Körperwahrnehmung führen (Abb. 2). Diese Bedingungen begünstigen die Entstehung einer Sucht.

b) Eine zunächst erfolgreiche Diät kann einem Menschen das Gefühl vermitteln, dass er die Kontrolle über sein Körpergewicht hat. Je mehr er dem gesellschaftlichen Ideal entspricht, desto selbstbewusster wird er. Nimmt der Mensch immer mehr ab, weil er dem gesellschaftlichen oder persönlichen Ideal noch näher kommen möchte, kann dies zu einem Kontrollverlust im Essverhalten führen: Spätestens jetzt liegt eine Essstörung vor.

14 Organspender werden?

14.1 Die Niere

Impuls: Blutgefäßsystem der Niere: „Durch die Nieren fließen etwa 1,2 Liter Blut pro Minute." (Vergleich Herz: 5 Liter)

Harnbildung durch Filtration und Rückresorption	1 Abb. 2,3
Zusammensetzung des Harns	2 Abb. 4
Organtransplantation	3

1

Das Blut gelangt in das Kapillarknäuel des Nierenkörperchens. Durch die Kapillarwand werden Wasser, Harnstoff, Salze und Glucose in das Nierenkanälchen gepresst. Die Proteine und roten Blutkörperchen bleiben in der Kapillare zurück, sie gelangen nicht durch die Poren der Kapillarwand. Aus dem Nierenkanälchen diffundiert Wasser, Zucker und Salz zurück in das Blut. Ein anschließender Abschnitt des Nierenkanälchens ist wasserundurchlässig. Im weiteren Verlauf wird wieder Wasser vom Nierenkanälchen ins Blut transportiert. Gleichzeitig werden auch Salz und etwas Harnstoff in das Blut zurücktransportiert. Der Harn enthält keinen Zucker mehr und ist stark konzentriert.

2

1 – a: In dem Kapillarknäuel befinden sich alle Stoffe in der höchsten Konzentration.
2 – c: „Gereinigtes" Blut, ein Teil des giftigen Harnstoffs ist entfernt worden, die wichtigen Stoffe Salz, Zucker und Wasser sind durch Resorption zurückgewonnen worden.
3 – b: 180 l entsprechen der Menge des gebildeten Primärharns, der aus den Kapillaren in das Nierenkanälchen gepresst wird. Der Zucker-, Wasser-, Harnstoffgehalt ist hier am höchsten.
4 – e: Konzentrierterer Harn, der immer noch etwas Wasser enthält, die Zuckerrückresorption ist schon abgeschlossen.
5 – d: Stark konzentrierter Harn, der kaum Salz und wenig Wasser und keinen Zucker enthält.

3

–

14.2 Organtransplantation: Beispiel Blut

1

a) Landsteiner erhielt drei verschiedene Versuchsergebnisse und leitete daher die Existenz von drei verschiedenen Blutgruppen ab.
Störk und Landsteiner, Pletschnig und Zaritsch, Stürli und Erdheim zeigen jeweils die gleichen Versuchsergebnisse und besitzen daher jeweils die gleiche Blutgruppe.
b) Das Serum enthält bei den Blutgruppen A, B und 0 Antikörper, bei Blutgruppe AB keine Antikörper.
Störk und Landsteiners Blut verklumpte mit keinem Serum, die roten Blutzellen von Störk und Landsteiner dürfen daher keine Antigene aufweisen, d.h sie haben Blutgruppe 0. Ihr Serum enthält bei Blutgruppe 0 die Antikörper A und B und verklumpt daher mit allen anderen Blutzellen außer ihren eigenen.
Das Serum von Stürli und Erdheim enthält Antikörper gegen die Antigene der Blutzellen von Pletschnig und Zaritsch und umgekehrt. Daraus folgt, dass die Blutgruppe AB für diese vier Personen nicht in Frage kommt. Das Serum der Blutgruppe AB enthält keine Antikörper, so dass die Zugabe von Blutzellen zu diesem Serum zu

keiner Verklumpung führen dürfte. Pletschnig/Zaritsch haben Blutgruppe A oder B, Stürli und Erdheim haben dann die Blutgruppe B oder A, dies lässt sich nicht eindeutig klären.

2

Serum / **Blutgruppe**	**Antikörper A u. Antikörper B** 	**Antikörper A** 	**Antikörper B** 
Antigen A 	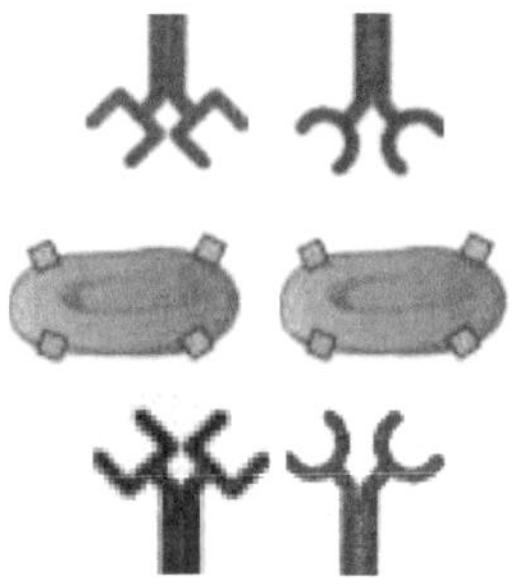 Verklumpung	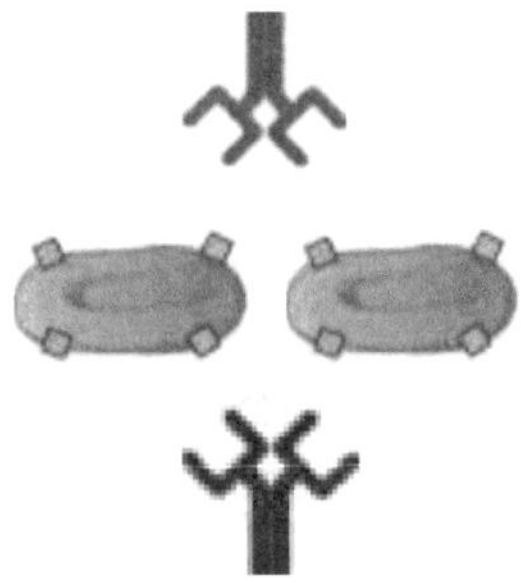 Verklumpung	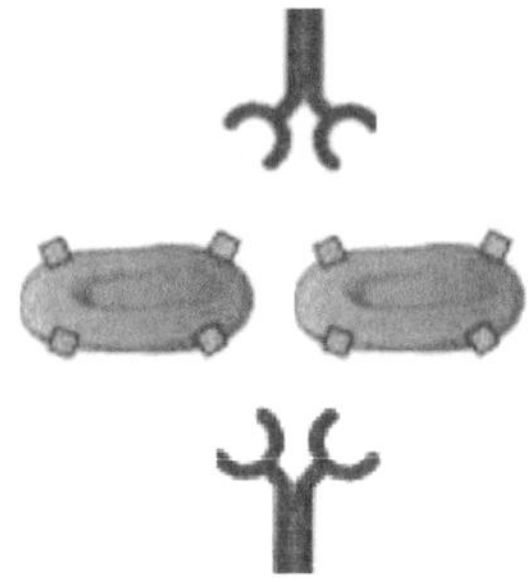 keine Verklumpung
Antigen B 	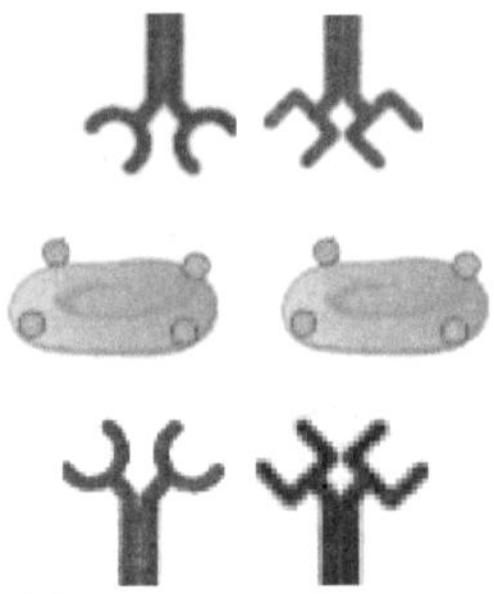 Verklumpung	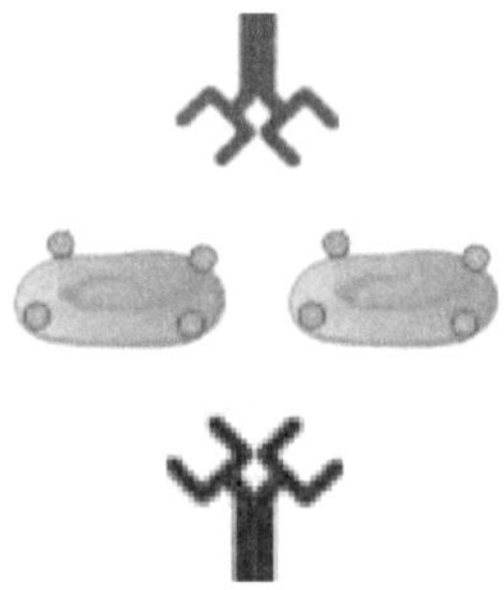 keine Verklumpung	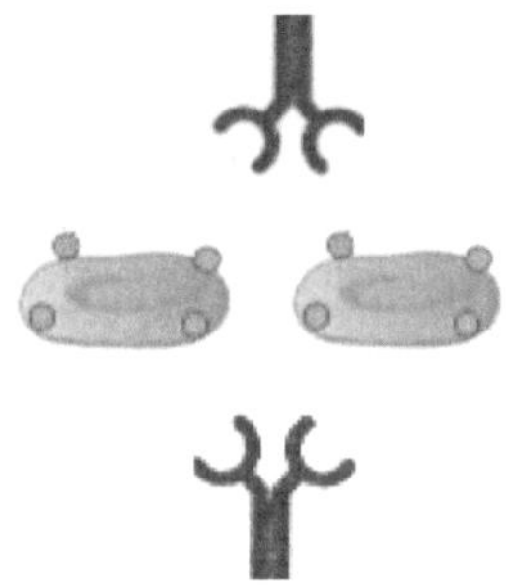 Verklumpung
kein Antigen 0 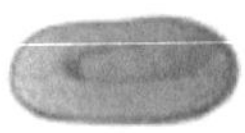	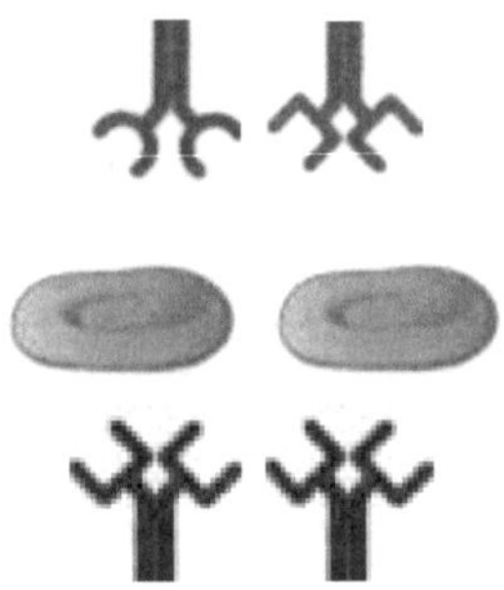 keine Verklumpung	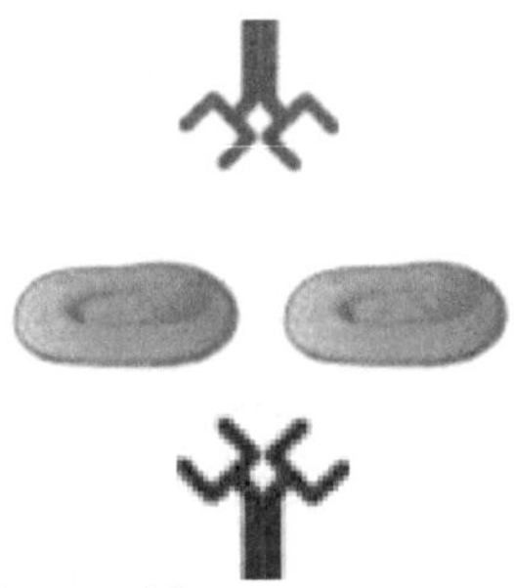 keine Verklumpung	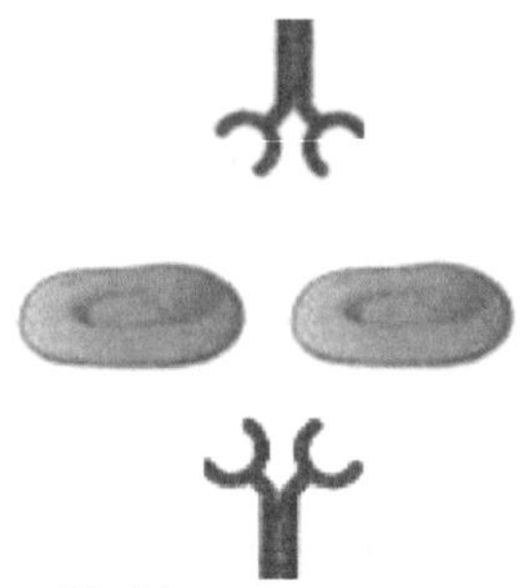 keine Verklumpung
Antigen AB 	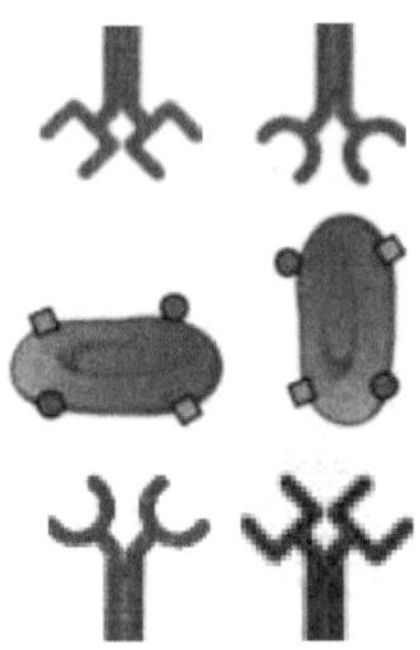 Verklumpung	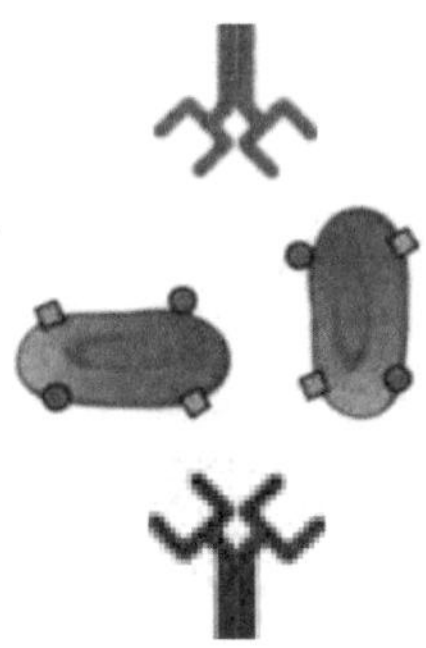 Verklumpung	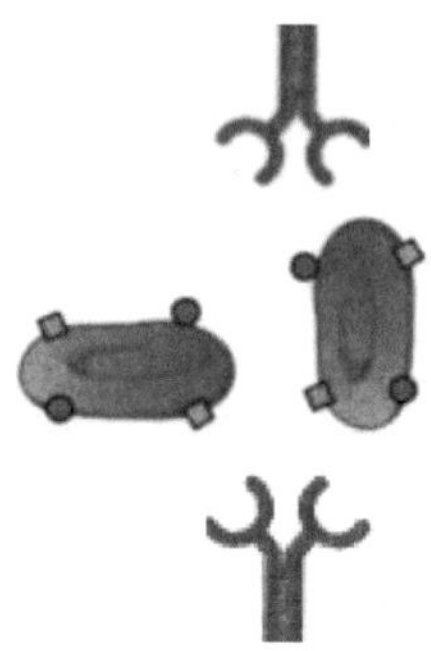 Verklumpung

3

Während der ersten Schwangerschaft gibt es keinen Kontakt zwischen dem Blut der Frau und ihrem Kind. Beim Geburtsvorgang gelangt Blut des rhesuspositiven Kindes in den Körper bzw. Blutkreislauf der Mutter. Im Körper der Mutter werden Antikörper gegen das Antigen D gebildet. Bei einer erneuten Schwangerschaft mit einem rhesuspositiven Kind gelangen die Antikörper D in den Blutkreislauf des Kindes. Das Antigen D und der Antikörper reagieren miteinander und verklumpen.

4

Nahe Verwandte haben häufig ähnliche Oberflächen-Antigene (z. B. gleiche Blutgruppe) und es kommt daher nach einer Transplantation seltener zu Abstoßungsreaktionen.

14.3 Berufsfeld Labor

Labor früher und heute **3** Abb. 3,4	Anforderungen an PTA's und Laboranten **2** Abb. 5
Tätigkeiten den Ausbildungsinhalten zuordnen **1** Abb. 6	Entwurf eines Werbeplakates **4**

1

Tätigkeiten	**Unterrichtsfächer**
Herstellen von Arzneimitteln (z. B. Salben, Tees, Zäpfchen, Kapseln)	Arzneimittelkunde, Galenik, Galenische Übungen, physikalische Gerätekunde
Analysen durchführen, z. B. Chemikalien und Tees auf Reinheit prüfen	Allgemeine und pharmazeutische Chemie, Chemisch pharmazeutische Übungen, physikalische Gerätekunde
Über Medikamente und Chemikalien Bescheid wissen	Arzneimittelkunde, Allgemeine und pharmazeutische Chemie, Galenik, Botanik und Drogenkunde, Gefahrstoff-, Pflanzenschutz- und Umweltkunde, Medizinproduktekunde
Kunden informieren und beraten	Ernährungskunde und Diätetik, Körperpflegekunde, Gefahrstoff-, Pflanzenschutz- und Umweltkunde, Allgemeinbildende Fächer
Arzneimittelbestand überwachen, Bestellsystem bedienen	Apothekenpraxis und EDV, Mathematik
Serviceleistungen für die Kunden (z. B. Blutdruck, Blutzucker und Cholesterin messen, Kompressionsstrümpfe anmessen)	Apothekenpraxis

2

Ausgeprägtes naturwissenschaftliches Interesse hilft, die Zusammenhänge zu erkennen und die Wirkung von Arzneimitteln abzuschätzen. Technisch-physikalisches Verständnis wird im Labor benötigt, um die Geräte richtig zu bedienen und auch um Herstellungsprozesse zu kontrollieren. Teamarbeit ist immer gefragt – die Arbeit muss oft Hand in Hand mit den Kollegen erfolgen. Verantwortungsbewusstsein, Zuverlässigkeit und Sorgfalt sind unverzichtbar. Bereits der kleinste Fehler kann schlimme Folgen haben, z.B. wenn ein selbst hergestelltes Arzneimittel verunreinigt ist, oder wenn ein Arzneimittel in der falschen Dosierung abgegeben wird. Die pharmazeutischen Möglichkeiten verbessern und verändern sich im Laufe der Jahre. Deshalb sind auch später im Beruf Lernbereitschaft, permanente Weiterbildung, Eigeninitiative und selbstständige Arbeitsweise gefragt. Insgesamt geht es um eine anspruchsvolle und verantwortungsvolle Tätigkeit, deshalb ist ein guter Realschulabschluss als Basis erforderlich.

3

mittelalterliches Labor	**modernes Labor**
kellerähnlicher Raum, zum Teil wohnlich eingerichtet	technische Arbeitsumgebung
schwer sauber zu halten	leicht zu reinigen
Kohle- oder Holzfeuer an Gerätschaften	Geräte werden elektrisch betrieben und beheizt, ggf. Gasflamme
Belüftung gering?	Abzüge, kontrollierte Belüftung
große, einfache Arbeitsgeräte, z. T. aus Steingut	viele moderne technische Geräte, mehrere Computer

4

–

M Basiskonzepte zum Thema „Individualentwicklung des Menschen"

–